美丽乡村之
农业鉴赏

罗 凯 著

中国农业出版社

北 京

图书在版编目（CIP）数据

美丽乡村之农业鉴赏／罗凯著．—北京：中国农
业出版社，2019.1
ISBN 978-7-109-25142-7

Ⅰ.①美… Ⅱ.①罗… Ⅲ.①农业－美学 Ⅳ.
①S-05

中国版本图书馆 CIP 数据核字（2019）第 007631 号

中国农业出版社出版
（北京市朝阳区麦子店街 18 号楼）
（邮政编码 100125）
责任编辑 赵 刚

北京通州皇家印刷厂印刷 新华书店北京发行所发行
2019 年 1 月第 1 版 2019 年 1 月北京第 1 次印刷

开本：880mm×1230mm 1/32 印张：5
字数：140 千字
定价：25.00 元
（凡本版图书出现印刷、装订错误，请向出版社发行部调换）

前 言 FOREWORD

　　随着 21 世纪的到来，农业美学悄然兴起，在实践上探索，在理论上研究。现代农业、生态农业、观光农业、休闲农业、创意农业、旅游农业等的产生与发展，特别是党的十八大提出的"大力推进生态文明建设""努力建设美丽中国"，2013 年 12 月 23—24 日召开的中央农村工作会议强调的"中国要强，农业必须强；中国要美，农村必须美；中国要富，农民必须富。"党的十九大提出的"把我国建成富强民主文明和谐美丽的社会主义现代化强国"以及建设美丽乡村、美丽田园热潮的掀起，无不体现着人类对美、对农业美的追求，无不预示着美学农业已成为农业发展的一种方向和社会发展的一种需求。

　　基于此，笔者以 1998 年底开始的建设雷州半岛南亚热带农业示范区实践为基础，于 1999 年 12 月开始从事农业美学的研究，及其学科体系的构建。2000 年 10 月在《热带农业科学》2000 年第 5 期发表《建设雷州半岛南亚热带农业示范区中的美学问题探讨》。尔后，先后发表相关论文 97 篇，入选相关学术会议论文 36 篇（次），荣获各种学术、科技奖 10 项；2001 年 12 月拟定了以研究农业美学基本问题为主题的《农业美学初探》提纲，2002 年 8 月脱稿，2004 年 5 月内部刊印，2007 年 6 月作为社会主义新农村建设实务丛书之首部，由中国轻工业出版社正式出版，2010 年 10 月荣获湛江市哲学社会科学优秀成果奖著作类二等奖；2015 年 4 月由中国农业出版社出版以研究农业设计为主题的《美丽乡村之农业设计》；2015 年 12 月由西北农林科技大学出版社出版以研究农业美学基本任务为主题的《农业新论》；2017年7月由中国农业出版社出版了以农业旅游为主题的《美丽乡村之农业旅游》。与此同时，提出并完成农业美学学科体系基本框架，包括农业美学、农业新论、美学农业规划、农业设计、农业工具设计、农业技能美学、美学农业技术、美学农业经济、农业音乐、农业文化、村庄设计、乡村生活方式、农业鉴赏、农业旅游和农业美学史等。

继此，笔者又研究了以农业鉴赏为主题的《美丽乡村之农业鉴赏》。但愿它的研究、出版，能对现代农业、生态农业、观光农业、休闲农业、创意农业、旅游农业等的发展、特别是对美学农业的发展、美丽中国的建设起着指导作用。

现在，《美丽乡村之农业鉴赏》即将出版了。值此之际，谨对一直以来对农业美学的研究给予关心、爱护、帮助和支持的社会各界人士，特别是对《美丽乡村之农业鉴赏》的出版给予厚爱的中国农业出版社致以衷心的感谢！

罗　凯

2018年11月25日

目 录 CONTENTS

第一章 总 论

鉴赏一般存在和表现于文学、书画、工艺和文物等之中。然而，随着休闲农业、特别是美学农业的兴起和发展，农业审美产品的生产种类愈来愈多，数量也愈来愈多，因此，鉴赏也将逐渐存在和表现于农业之中。这样，研究农业鉴赏问题很有必要。

第一节 鉴赏概述

如果说农业鉴赏刚刚开始，那么，文学、书画、工艺和文物等鉴赏则由来已久，已很成熟。因此，研究农业鉴赏问题应从文学、书画、工艺和文物等鉴赏入手。

1982 年出版的《简明社会科学词典》对"鉴赏"一词是这样定义的：鉴赏，是人们对艺术形象的感受、认识和评价。鉴赏的一般过程，总是先接触作品的外在形式，从而获得对艺术形象的具体感受，感情上产生一定的反应，得到审美享受，进而领会到作品的思想意义，最后对它作出思想艺术价值的评判。鉴赏这种从感性认识上升到理性认识的过程，也是一种形象思维的活动过程，带有某些艺术再创造的性质。它一方面受到作品所塑造的形象和所表达的思想的制约，另一方面鉴赏者又往往根据自己的思想感情和生活经验来理解或解释作品中的形象，甚至以自己的经验和想象来丰富和补充作品里的形象。

《现代汉语词典》对"鉴赏"一词则是这样定义的：鉴赏，鉴定和欣赏（艺术品、文物等）。

上述定义虽用词不同，表述不同，但基本意思却相同：一是鉴赏以艺术品、文物等为对象；二是鉴赏是从感性认识到理性认识的过程；三是鉴赏是一种再创造；四是鉴赏受到鉴赏者的认识水平、生活经验、艺术修养和思想感情的影响；五是鉴赏的最终目的在于获取审美享受。

在农业中，既存在着自然创化的审美对象，也存在着人为创造的审美对象。作物的叶序或对生、或互生、或簇生，是一种秩序美；作物的根、茎、枝、杈、叶、花、果分布有序、协调一致，是一种和谐美；田园的作物植株均匀、平衡生长、微波绿浪，是一种整齐美；农业观光园视野开阔、空气清新、波光粼粼、葱绿满眼、奇花异果、建筑优雅，是一种园林美；等等。这些的确是可鉴赏的审美对象。农业鉴赏是存在的、必要的、应该的。

第二节　农业鉴赏的内涵和方式

一、农业鉴赏的内涵

那么，什么是农业鉴赏？笔者认为，所谓农业鉴赏，就是在农业审美产品的消费过程中，对农业审美产品的认识、鉴定和欣赏。农业审美产品是笔者提出来的，指的是以农业动植物及其赖以生存和发展的土地、田园、水域和环境，乃至整个农村地区（包括农村地区的道路、城镇、集市、村庄、厂矿和自然环境等）为载体，进行农业劳动主体革命、农业劳动对象革命、农业劳动工具革命、农业劳动技能革命、农业劳动过程革命、农业劳动产品革命、农业劳动观念革命，通过载体各构成要素的各自的"宜人"外观及其按照美学规律合理地排列和组合，创造农业美，特别是通过田园景观化、村庄民俗化、自然生态化的实现，生产出来的既能满足人们物质需求，又能满足人们审美需求的产品。它是服务产品，是非实物形态产品，没有形状，没有一定的体积，没有静止质量，具有可叠加性，依附于农业物质产品之上，可引发人们的审美情趣，愉悦人们的审美心理，满足人们的审美需求。

1. 农业鉴赏是对农业审美产品的认识

在农业审美产品的鉴赏中，总会遇着不认识的农业审美产品，显然，第一次看见的农业审美产品就属于这类农业审美产品。例如，第一次看见的长字苹果和盆景苹果就属于这类农业审美产品。一般来说，认识包含三个层面：第一个层面，农业审美产品是客观存在，并不是虚拟的，不是想象的，是可视、可触、可摸的。第二个层面，农业审美产品所依附的农业产品是有形有状的客观存在，即长字苹果和盆景苹果是有形有状的客观存在。第三个层面，农业审美产品总是存在和表现于一定时空的客观存在，长字苹果在家里有，在市场里有，但更多的、更壮观的却是挂结在苹果树上。

2. 农业鉴赏是对农业审美产品的欣赏

在农业审美产品的消费过程中，欣赏才是目的。一般来说，农业审美产品的欣赏包括三个层面：

一是表观欣赏。农业审美产品表观指的是农业审美产品的形状、大小、组合、线条、色彩、文字和图案等。

二是科技欣赏。大凡农业审美产品都是科技进步的结果，如果说方形西瓜是栽培技术作用的结果，那么，圣女果、串番茄、黑美人西瓜和多彩玉米就是育种技术作用的结果。

三是文化欣赏。任何事物的产生和发展都会淀积、形成相应的文化，农业审美产品的生产也不例外，因此，在农业审美产品的欣赏中，应该包含文化欣赏。在长字苹果上贴上"福"、"寿"和"禄"等文字既是一种工艺，也是一种文化。

二、农业鉴赏的方式

又那么，应采用什么方式进行农业鉴赏，或对农业审美产品进行鉴赏？笔者认为，可采用观赏、聆听、品尝、体验、品读和技术的方式。

1. 观赏

观赏，指的是通过肉眼、利用视觉来感知、鉴赏农业审美产品的方式。

2. 聆听

聆听，指的则是通过耳朵、利用听觉来感知、鉴赏农业审美产品的方式。

3. 品尝

品尝，就是通过口舌、利用味觉来感知、鉴赏农业审美产品的方式。

农产品审美产品是一种主要的农业审美产品，不但具有美观的外观，而且也像一般的食品一样，具有甜、酸、苦、辣等味道。如果说其美观的外观可通过观赏的方式来感知、鉴赏的话，那么，其固有的味道则必须通过品尝的方式来感知、鉴赏。

4. 体验

体验，则是通过手、脚、头等器官接触，使用农业劳动工具和农民生活用具，参与农业生产、农民生活和农民活动，从而实现感知、鉴赏农业审美产品的方式。

5. 品读

所谓品读，就是对农业审美产品所蕴含的文化内涵进行认识、鉴赏的过程。

农业审美产品有不少不但外观美观，而且富含文化内涵。长字苹果上的"福"、"寿"和"禄"等文字或富士山等图案既是工艺，也是文化。当然，更具文化内涵的农业审美产品是农业劳动工具、农业劳动技能、农民生活用具和农民生活方式。这就存在品读，需要通过品读来认识、鉴赏农业审美产品。

6. 技术

在农业审美产品的鉴赏中，有的仅靠人体的感官来进行往往还不够，还必须借助必要的、相应的科学技术。这就是技术的鉴赏方式。无疑，鉴赏的技术应包括技术的方法及其所延伸的工具。如果说放大镜和望远镜是工具的话，那么，它们的使用就是方法。

第三节　农业鉴赏力及其培育

既然存在农业鉴赏，就存在农业鉴赏力。

一、农业鉴赏力的内涵

农业鉴赏力是指在农业审美产品的消费过程中，对农业审美产品的认识、鉴定和欣赏的能力，即能够认识农业审美产品的客观、形状、存在空间，能够鉴定农业审美产品的真伪、类型、生产时间、出产地区、存在价值，能够欣赏农业审美产品的表观、科技、文化和哲理。

二、农业鉴赏力的培育

爱美、审美既是先天的，也是后天的。如果说爱美是人类的天性，审美是人类的本能的话，那么，较高的审美鉴赏力则是必须加以培育的。

1. 审美素质训练

农业鉴赏，或农业审美鉴赏，属于审美的范畴。因此，审美素质训练应成为农业鉴赏力培育之基础、之必要。

审美素质包括审美眼光、审美能力和审美人格三方面。审美素质训练自然就是对主体的审美眼光、审美能力和审美人格的训练。

审美眼光又包括审美态度、审美趣味和审美理想。审美态度指的是审美主体在进行审美活动之初所必须具备的一种特殊的心理状态。训练的目标，就是使审美主体具有一个端正的审美态度，即能够使自己从日常的现实生活中脱离出来，保持一种超功利的态度。只有这样，才能进入审美之境界，避开外界的干扰，直接从对象的感情特征的直观中去体味同人生的自由相联系的某种情调、意味、精神、境界等。

审美趣味也即审美鉴赏力，指的是人们认识和评价美、美的事物和各种审美特征的能力。它取决于两个因素：一是个人爱好趣味；二是审美能力高低深浅。个人爱好的事物，往往就会觉得美，不爱好的事物，则往往就会觉得不美。训练审美趣味的目标有两个：一是培养人们的爱好，扩大人们的爱好，使人们能够从尽可能多的事物中享受美，感受美，从而达到丰富人们生活的目的；二是提高人们的审美能力，使人们能够欣赏真正的艺术精品，能够对美丑作出准确的审美判断，能够提高自身的文化内涵和审美修养。

审美理想指的是整个社会群体在审美实践基础上的一种审美思想。它受时代、民族和阶层三大因素的影响。例如，20世纪80年代以前建的楼房，考虑更多的是实用，而进入90年代后，却逐渐趋向于追求美观。训练审美理想的目标有三：一是培养人们的时代感，使人们在时代主旋律的指导下生活和工作，始终跟上时代的节拍；二是培养人们的民族感，使人们热爱中华民族，团结一致，共奏凯歌；三是培养人们的群体感，使人们能够融入社会大家庭中，和谐共处，共同发展。

审美能力又包括审美心理和审美经验。审美心理是一种超功利的心理，又是一种愉快的心理。例如，人们在欣赏果园景观时，没有去想果园之水果产量、水果价格、水果价值与本人需求的关系，而仅仅欣赏园之美、树之美、果之美，这就是超功利心理。又如，人们在品尝水果时，先是美味带来的生理快感，再是由此引发的各种心理功能和谐运动而产生的审美快感，这便是愉快心理。审美心理包括审美感知、审美想象、审美情感和审美理解等方面。一般地，审美心理过程可描述为：通过审美感知去感知审美对象，引起审美想象，带来审美情感，实现审美理解，从而对审美对象作出审美价值判断。

审美经验指的是人们在审美活动中获得的经验。审美经验既可在纯审美活动中获得，也可在日常活动中获得。例如，在欣赏图画中，可通过色彩、线条、造型等产生"有意味形式"的反应，获得审美经验。作为审美主体，要具备丰富的审美经验，就要经常地参加审美活动，不但经常参加书画展和旅游观光等活动，而且善于从日常生活中感受美的存在，体味各种情绪、感情的某种方式的恰到好处的协调、结合、均衡、中和所产生的生活情趣。

审美人格指的是高尚的人格，完善的人格，在心理上，个体身心是健康的，在伦理上，个体行为是符合社会规范的，不但有优秀的道德品质和良好的气质，而且有较强的能力和才华。要做到这一点，必须做到：一是提高自身的道德修养。二是提高自身的文化修养。三是提高自身的伦理修养。

2. 基本知识学习

众所周知，所谓农业，其实就是人们利用农业动植物的生理机能，通过与土壤、气候、水和生物等农业自然资源的作用，生产不断满足人们日益增长的物质需求和精神需求的农业物质产品和农业审美产品的过程。因此，在农业鉴赏力的培育中，学习农业自然资源知识、农业动植物知识、农业动植物种养知识和其他相关知识很有必要。

农业鉴赏不但涉及农产品、作物植株和田园，而且涉及自然、人文、农舍、村庄、农业劳动工具、农民生活用具、农业劳动、农民生活与活动和乡村，因此，还应包括与这些鉴赏有关的知识。

3. 审美环境体验

"实践出真知"，这同样适用于农业鉴赏力培育。在农业鉴赏力培育中，所谓"实践"，就是进行审美环境体验。一般来说，审美环境体验的方式有二：一是参加美学农业建设；二是参加农业旅游。

参加美学农业建设，就能知道美观的产品、健美的植株、美化的田园、民俗化的村庄和生态化的自然等农业审美产品是怎样生产出来的，也就知道什么是农业审美产品，什么不是农业审美产品，怎样才能生产之。通过参加美学农业建设，农业鉴赏力也就在实践中培养起来了。

参加农业旅游，就能通过鉴赏实践提高农业鉴赏力。因为农业旅游所到的农业旅游景区、景点，往往集中了各种各样的农业审美产品，往往包括了美观的产品、健美的植株、美化的田园、民俗化的村庄和生态化的自然，包括长字苹果、盆景苹果、苹果主题公园等，这样，就能鉴赏到各种各样的农业审美产品。

第二章　农产品鉴赏

农产品是农业的核心，农产品审美产品是农业审美产品的主要类型之一，因此，农产品审美产品自然应成为农业鉴赏的对象。

第一节　农产品鉴赏的对象

关于农产品，可说是仁者见仁，智者见智。本书定义为：人类利用动植物的生理机能，通过土壤、气候、水和生物等自然资源的作用，生产出来的能满足人类对淀粉、脂肪、蛋白质等营养需求，甜、酸、苦、辣等味道品尝需求和糖料、油料、木料等原料需求的产品。

外观美观的农产品就是农产品审美产品。如果说拳头一般大小的西红柿是农产品的话，那么，拇指一般大小的圣女果就是农产品审美产品。圣女果通过果实的小化，给人以美感、以新奇感。

第二节　农产品鉴赏的内容

农作物多种多样，其生产的农产品自然多种多样，而其在不同环境、方式和技术的作用下，生产的农产品又有所不同，这样，可鉴赏的内容自然很多。

一、形状鉴赏

农产品审美产品没有形状，但其所依附的农产品却是实物产品，因此，具有形状。农作物的不同器官都可成为农产品，抑或是籽粒，抑或是果实，抑或是茎秆，抑或是叶片，抑或是花果，抑或是块根，抑或是畜禽产品，抑或是水产品。这样，农产品的形状自然不同，就存在形状鉴赏。

二、大小鉴赏

农产品在具有形状的同时，也具有大小。同为热带水果，荔枝就比龙眼大；都是西红柿，一般西红柿则如拳头一般大小，圣女果则如拇指一般大小。因此，就存在大小鉴赏。

三、轻重鉴赏

农产品审美产品没有质量，没有轻重，但是，其所依附的农产品却有质量，有轻重。就存在轻重鉴赏。

四、肌理鉴赏

农产品审美产品是服务产品，是非物质形态的，不存在肌理问题，但是，其所依附的农产品却是有肌理的。西红柿表面光滑，荔枝表面粗糙。因此，就存在肌理鉴赏。

五、线条鉴赏

大凡农产品都有形状、大小、轻重和肌理，但是，却不见得都有线条。尽管这样，仍有不少外表有线条，且形状各异，有粗有细。例如，黑美人西瓜的外表就有线条，其形如纺锤线一般。因此，就存在线条鉴赏，鉴赏线条的形状和完美性。

六、色彩鉴赏

就像所有农产品都有形状、大小、轻重和肌理一样，所有农产品的外表都有色彩，只是色彩的类型有所不同而已，红的、黄的、绿的、蓝的、紫的、白的、黑的应有尽有。不同作物的农产品色彩往往不同，同种作物不同品种的农产品色彩也有不同的。辣椒一般呈绿色，但也有黄色的、红色的，多彩玉米则五颜六色都有了。这就存在色彩鉴赏。

七、味道鉴赏

农产品审美产品总是依附于农产品之上，而农产品总是有味道的，只是味道有所不同而已。西瓜是甜的，酸豆是酸的，苦瓜是苦的，辣椒是辣的。这就存在味道鉴赏，值得进行味道鉴赏。

八、科技鉴赏

农产品也好，农产品审美产品也好，都是人类生产的，因此，无不运用了科技，应用了科技。水肥一体化栽培是当前推广、应用的实用技术，比较先进，技术含量较高。刀耕火种是原始农业推广、应用的实用技术，比较落后，技术含量较低，已被淘汰。尽管这样，刀耕火种仍是一种技术，仍是一种可对农作物产生作用，生产农产品的技术。这就存在科技鉴赏。

九、文化鉴赏

任何事物的产生、形成和发展都会淀积、形成相应的文化，农产品、农产品审美产品的产生、形成和发展也不例外，问题只是文化的表现形式和厚度有所不同而已。显然，在长字苹果上贴上"福""寿"和"禄"等文字，其文化表现的形式明显，内涵较浅；而圣女果则文化表现的形式不明显，内涵也需要探究才彰显。文化鉴赏的内容包括文化表象、文化内涵和文化互动。

十、哲理鉴赏

任何现象都包含、反映着一定的、相应的、本质的东西，农产品的外观也不例外。而透过农产品的外观对农产品的认识、对农产品美的认识的过程，就是哲理鉴赏。哲理鉴赏的内容包括美的存在、美的形式和美的本质。

十一、情趣鉴赏

在农产品鉴赏中，除了外观鉴赏和味道鉴赏外，还有一种鉴赏，那就是参与鉴赏，即通过参与获取情趣。因此，这种鉴赏就叫做情趣鉴赏。情趣鉴赏，可从如下三方面来进行：

收获。即亲自参与农产品的收获，如苹果的采摘、水稻的收割和番薯的挖掘等都是参与，都是参与农产品的收获。农产品的收获对农民来说是习以为常的，但对城镇居民、特别是对青少年来说则是一种经历、一种认识、一种体验，一种情趣获取的途径。无疑，通过参与农产品收获，就能知道什么是收获，怎样收获，收获有什么效果、有什么感受，自然，就能从中获取情趣，鉴赏情趣。

组合。农产品单个都不太重，芝麻、小麦和稻谷等就不用说，单个西红柿、苹果和雪梨等不足半斤，即完全可以搬动，进行组合，形成各种各样的图案或文字，引发审美情趣。显然，所组合的农产品可以是同种的，也可是不同种的。其鉴赏的情趣在于组合的主题，即所鉴赏的对象、也就是组合所形成的图案或文字以什么为主题。

戏玩。即将农产品作为玩具，进行戏玩，从中进行鉴赏，获取情趣。例如，将圣女果直接抛进口中，是一种鉴赏，是一种情趣。

十二、综合鉴赏

所谓综合鉴赏，就是对农产品各个方面、各种角度的鉴赏，也就是对农产品的形状、大小、轻重、肌理、线条、文字、图案、色彩、味道、科技、文化、哲理等的鉴赏。

从综合的角度来鉴赏圣女果，可看到：圣女果一般呈椭圆形、拇指一般大小、每个 10～30 克、表面光滑、红色、清甜，用圣女果品种来栽培，通过小型化来彰显美，等等。

综合鉴赏可以说是全面鉴赏，但是，在鉴赏中必须善于抓住主要方面来进行，只有这样，才能取得较好的鉴赏效果。

第三节　农产品鉴赏的视角

任何事物的客观实在都会以一定的、多样的形式来表现，农产品审美产品及其美的存在和表现也不例外。因此，从不同角度来审视其效果自然不同。

一、手掌上的农产品

无疑，把农产品放在手掌心上鉴赏应该是一种简单、方便、普遍的形式，特别是对果实类农产品更是这样。当然，对籽粒类、叶片类、花朵类和块根类也可行，但是，对茎秆类、畜禽产品类和水产品类则不大方便，改为抓拿的方式要好些。不过，在此统一将用手来作为承载农产品的载体的鉴赏形式，称为手掌上的农产品。

手掌上的农产品，是可同时用触觉和视觉来鉴赏的农产品。农产品放置在手掌上，就意味着可同时用触觉来鉴赏农产品的轻重和肌理，用视觉来鉴赏农产品的形状、大小、线条、文字、图案、色彩、科技、文化和哲理，并可互相印证。

二、市场上的农产品

对于已收获的农产品，或者可以说，已离开作物植株或田园的农产品，其主要存在和表现的空间是市场，具体应该是农产品市场。这样，就存在市场上的农产品。

市场上的农产品，是作为食品消费者消费对象的农产品。既然这样，作为食品消费者，需要的、希望的自然是对象、也就是农产品的可消费、可食用，可营养、可品尝，应卫生、应安全。

市场上的农产品，是作为审美消费者消费对象的农产品。消费者到市场上，主要是为了购买产品，但是，有时却不是，而是审美，是欣赏产品之美。显然，这时的消费者是作为审美消费者。

市场上的农产品，是作为农产品鉴赏者消费对象的农产品。农产品鉴赏者鉴赏农产品主要到田园，但是，有时也到市场上。作为农产品鉴赏者，需要的、希望的自然则是对象、也就是农产品成为上述两者的有机统一。

三、植株上的农产品

作为农产品，无论是籽粒、果实、茎秆，还是叶片、花朵、块根，或是畜禽产品、水产品，都是农作物的器官，因此，未收获前或未离开植株前的农产品都存在于作物植株之上。这样，就存在植株上的农产品，或者可以说，可以从植株上的视角鉴赏农产品。

四、田园上的农产品

未收获前或未离开植株前的农产品存在于作物植株之上，自然也存在于田园之上。因为作物植株总是种植于田园之上。这样，就存在田园上的农产品，或者可以说，可以从田园上的视角鉴赏农产品。

田园上的农产品，是生命存在和表现的农产品。就这一点来说，田园上的农产品和植株上的农产品是基本相同的，即此时此刻的农产品的生命在活动着，水分在输送，营养在吸收，细胞在分裂，器官在发育，体积在增大，颜色在变化。

田园上的农产品，是丰收存在和表现的农产品。田园上的农产品不但以生命的形式存在和表现，而且以丰收的形式存在和表现，存在和表现在植株上，存在和表现在田园上，存在和表现在硕果累累上。

田园上的农产品，是景观存在和表现的农产品。作为鉴赏对象的农业观光园，田园上的农产品还用来观赏，单个是这样，整体也是这样，与作物、田园和沟渠、道路、林带、机井、棚架等田园设施形成的景观——田园风光——更是这样。

五、收获上的农产品

种植在田园上的农产品、生长在植株上的农产品总是要成熟的、收获的。这样，就存在收获上的农产品，或者可以说，可以从收获上的视角来鉴赏农产品。

收获上的农产品，是成熟的农产品。农产品成熟时，就要收获；或者可以说，收获的农产品是成熟的。这时的农产品非常成熟，非常完美，主要表现在皮色上，其次表现在大小上、形状上、轻重上和肌理上。这样，通过鉴赏，就能让鉴赏者认知成熟的、完美的农产品，以及其成熟时、完美时的皮色、大小、形状、轻重和肌理。

收获上的农产品，是可以进行收获体验的农产品。如果说农产品收获对农民来说是一种劳动的话，那么，对鉴赏者来说则是一种体验——收获体验。不同的农产品收获方式不同，水稻用镰刀来割，甘蔗用蔗刀来砍，苹果用手来摘等。

六、餐具上的农产品

农产品首先是食品，然后才是艺术品，因此，手掌上的农产品、市场上的农产品也好，植株上的农产品、田园上的农产品、收获上的农产品也好，始终要成为餐具上的农产品。

餐具上的农产品，是即将食用的农产品。这时的农产品往往清洗了外表，更真实，更实在，更具审美性，更能客观地加以鉴赏；也往往被切开，内部得以呈现，表里可以审读，外表的美与内部的质可以审读。

餐具上的农产品，是美味佳肴的农产品。不少农产品是不能鲜食的，必须熟食，如白菜、辣椒、南瓜和猪肉、牛肉、羊肉等。熟食的农产品往往加上油、盐、浆、醋等佐料加以调制，变成美味佳肴。这时的农产品在视觉上是经过处理的农产品，往往不再具有原先的形状，但却与其他调制品一起构成以农产品为主的新的食品；在味觉上则是经过调制的，也往往不再具有原先的味道，但也却与其他调制品、佐料一起构成以农产品原味为主的新的食品。显然，这时的农产品是升华了的农产品，是形状和味道都升华了的农产品。

餐具上的农产品，是与餐具一起构成统一体的农产品。农产品放置在餐具上，自然与餐具一起构成统一体。显然，当这一统一体和谐的时候，就会给人以美感。

七、戏玩上的农产品

上面提到，农产品、特别是农产品审美产品既是食品，也是艺术品。作为艺术品，特别是体积比较小的艺术品，如珠宝等，都可以用来戏玩。这样，就存在戏玩上的农产品，或者可以说，可以从戏玩上的视角鉴赏农产品。

戏玩上的农产品，是作为饰物的农产品。众所周知，有的农产品可以加工、制作成饰物，如将珍珠、贝壳、桃核等加工、制作成项链、头饰、腕饰、脚饰、胸饰，用来佩带，用来装饰。其审美价值既在原料，也在工艺。这类农产品只是艺术品，而不是食品，特别是珍珠项链之类的饰物。

第四节　农产品鉴赏的案例

理论给人以指导，案例给人以具体。在此，以风铃椒、大南瓜和彩色玉米为案例，讨论农产品鉴赏问题。

一、风铃椒

风铃椒，也叫灯笼椒、乳椒、加拿大椒，为一年生茄科植物。株高 1～1.2 米，茎秆粗壮，分枝强，冠幅可达 1.45 米，叶片绿色、卵形，叶柄长 3～4.8 厘米，叶片长 8～9 厘米，每叶腋处着生一朵花，花为白色，果实奇特，果长 5 厘米左右，灯笼型，果四周有不规则凹凸，中间突出如乳头状，单果重 3.5～6克，幼果绿色，成熟后深红色，宛如一只只倒挂金钟，非常艳丽，每株结数百个。可观赏也可食用，观赏期达半年之久（图 2 - 1、图 2 - 2）。

图 2 - 1

无疑，风铃椒最有鉴赏意义的是其形状，是其像风铃、灯笼一般的形状。众所周知，辣椒的形状一般为圆形、钟形。这样，就给人以形状上的新奇感。

图 2 - 2

这是就单个果来说的，就整株果、整园果来说，则可给人以壮观、秩序的感觉。风铃椒每株结果数百个，加上呈深红色，非常艳丽，非常壮观，宛如一只只倒挂金钟一般，挂满枝头，挂满田园。细细看之，有的还呈现出一定的秩序，若再加上想象，那就是千姿百态了，抑或像某种线条，抑或像某种图形。当然，当这种秩序加以人为的作用，就会更加人化，更适合人们的审美需求。这时，整株风铃椒、整园风铃椒就会成为金钟的世界、金钟的升华。

田园里的风铃椒是这样，当将其制作成盆景，置放于厅、室内的时候，那又别有一番情趣。其美自不必说，可与其他盆景、一般盆景相媲美。

还可通过其他方式来鉴赏风铃椒。例如，用线来将其柄串起来，可像项链一般悬挂于脖子上，可构成各种线条、图形、图案。

面对奇特、艳丽的风铃椒，人们自然会想到品尝，以看看其营养价值、品尝价值，以看看其味道，以与圆椒、尖椒等辣椒比较一下，以看看其是否"名副其实"。显然，找来几个，炒上一盘，品尝一下，"庐山真面目"就会出来了。

二、大南瓜

大南瓜，是 1989 年 9 月 19 日培育出来的优质南瓜。大南瓜不但营养丰富，含有淀粉、蛋白质、胡萝卜素、维生素 B、维生素 C 和钙、磷等成分，而且长期食用还具有保健和防病治病的功能，其性温，味甘无毒，入脾、胃二经，能润肺益气，化痰排脓，驱虫解毒，治咳止喘，疗肺痈与便秘，并有利尿、美容等作用，还有治疗前列腺肥大、预防前列腺癌、防治动脉硬化与胃黏膜溃疡、糖尿病等作用（图 2 - 3）。大南瓜体积名副其实，在美国马萨诸塞州托普斯菲尔德市举行的一个博览会上，由罗得岛的罗恩·华莱士种植的一个巨大南瓜，重 911 千克，让其他南瓜"选手"遥不可及，创造了新的世界纪录，并赢得了 65 000 美元的奖金。

大南瓜最有鉴赏意义的是其大小，是其比一般南瓜大得多的"大"。当然，鉴赏其大小，不必用尺，不必知道其具体的尺寸，只需粗略知道即可。

其次值得鉴赏的是其轻重。大南瓜有多重？华莱士种植的约 911 千克，约 1 吨，够重的了；一般南瓜又有多重？10 千克左右，轻的仅 2～3 千克。这样，一个约 911 千克的大南瓜相当于 90 多个一般南瓜。

图 2 - 3

再次值得鉴赏的是其营养价值、保健价值。值得强调的是，营养价值、保健价值的鉴赏必须依靠导游或专业人员，看是看不出的，品也是品不出的。

三、彩色玉米

彩色玉米，别名袖珍玉米，属禾本科玉蜀黍属，一年生直立草本，可观赏，也可加热爆裂食用，有印度红玫瑰爆裂玉米、巴西五彩玉米、泰国花仙子玉米、韩国紫金香黑玉米、日本白如雪甜糯玉米和美国七彩"琉璃"玉米等品种（图 2 - 4、图 2 - 5、图 2 - 6、图 2 - 7、图 2 - 8）。

图 2 - 4

图 2 - 5

图 2 - 6

图 2 - 7

图 2-8

　　显然，彩色玉米不在于有色，而在于其色不同于传统玉米之黄色，从色彩上给人以新鲜感、美感。印度红玫瑰爆裂玉米是红色；巴西五彩玉米种子为黑红色，成熟后变成黑、白、黄等颜色相间；泰国花仙子玉米红、黄相间，且整齐有序；韩国紫金香黑玉米呈黑色；日本白如雪甜糯玉米雪白细嫩；美国七彩"琉璃"玉米则晶莹剔透，且相邻的颗粒之间几乎都是不同的颜色。

　　彩色玉米的味道不但不同于、而且优于传统玉米，给人以可口感、味感。如巴西五彩玉米香甜可口，风味独特；泰国花仙子玉米有"八里香"之称，即在较远的地方都能闻到烤食玉米的芳香味；韩国紫金香黑玉米，集黏、甜、香于一身；日本白如雪甜糯玉米质地甜黏清香。品尝之，可口感自然油然而生，区别自然也油然而生。

　　彩色玉米可通过人为的作用，摆设成各种线条、文字、图形和图案。最有鉴赏意义的是将多种彩色玉米按一定的秩序摆设成各种线条、文字、图形和图案。

　　彩色玉米给人们的最大启示是：农产品可通过外表色彩的变化、多样和有序，形成农产品审美产品，给人们带来美的享受。

第三章　作物植株鉴赏

作物植株审美产品也是农业审美产品的类型之一，因此，农业鉴赏离不开作物植株鉴赏。

第一节　作物植株鉴赏的对象

作物可分为如下五大类：一是农作物，包括水稻、小麦、高粱、玉米、番薯等粮食作物和甘蔗、甜菜、花生、芝麻、油菜子等经济作物以及青瓜、南瓜、冬瓜、辣椒、茄子等瓜菜；二是水果，包括菠萝、香蕉、苹果、荔枝等水果；三是树木和花卉，包括木麻黄、桉树、榕树、樟树、苦楝树等树木和菊花、玫瑰花、茉莉花、水仙花、大红花等花卉；四是畜禽，包括猪、牛、羊等牲畜和鸡、鹅、鸭等家禽；五是水产品，包括鱼、虾、蟹等。

所谓作物植株，就是上述农业动植物的植株或躯体，包括根、茎、枝、杈、叶、花、果或头、躯干、脚、尾、毛等器官在内。

外观健美的作物植株就是作物植株审美产品，作物植株鉴赏就是鉴赏上述外观健美的作物植株。

第二节　作物植株鉴赏的内容

一、造型鉴赏

造型是物体的外部表现，是物体各部分组合的外部表现。作物植株也一样，其造型就是作物植株的外部表现，就是作物植株根、茎、枝、杈、叶、花、果等器官组合的外部表现。造型鉴赏的内容包括：

作物植株的审美性。作物植株造型鉴赏的实质是造型艺术的欣赏，因此，其造型的审美性应成为鉴赏的内容。无疑，其审美性愈强，其鉴赏价值愈高，而审美情趣的大小取决于造型的艺术，而造型艺术的表现则主要在于文化内涵，即通过造型艺术来表现文化。

作物植株的生产性。既然是作物植株就应该追求农产品的生产，或者可以说，农产品应成为作物植株的主要构成要素之一。作物植株若没有农产品，或不生产农产品，那么，作物植株与一般的植物植株并没有什么两样。因此，鉴赏作物植株造型，就应该鉴赏作物植株的生产性，鉴赏作物植株在以农产品为主所形成的造型。

二、大小鉴赏

作物植株有高有矮，树冠有大有小。不同种作物是这样，同种作物也是这样。都是糖料，甘蔗就比甜菜高；都是荔枝，实生苗栽植的就比嫁接苗栽植的高；榕树的树冠就要比苦楝树的大，木麻黄则几乎是笔直的了。因此，就存在大小鉴赏。

三、器官鉴赏

大凡作物植株都由根、茎、枝、杈、叶、花、果等器官组成。不过，不同作物植株，其根、茎、枝、杈、叶、花、果不同，即使是同种作物不同品种的植株其根、茎、枝、杈、叶、花、果也不同。器官鉴赏包括：

器官的不同。不同作物植株的器官不同，即使同种作物不同品种的植株的器官也有不同的，通过鉴赏，就能鉴别出来。

器官的新奇。一般来说，大多数人都见过大多数的作物植株器官。尽管这样，总有一些人从未见过某些作物植株器官，特别是新培育的作物植株器官。菠萝是南方水果，对北方人来说，往往见过菠萝果，没见过菠萝叶；苹果是北方水果，对南方人来说，也往往是见过苹果，没见过苹果叶。对这些作物植株的鉴赏，自然会有新奇感。

器官的变化。农作物是植物，是生物，是生命体，其作物植株自然也是生命体，其根、茎、枝、杈、叶、花、果等器官自然则是这一生命体的组成部分，因此，总在不断的生长发育中，在不断的变化中。尽管某时某刻其表观上处于静止状态，但是，其内部也在生长发育中，在变化中。作为鉴赏，主要是表观鉴赏，是肉眼鉴赏。

四、色彩鉴赏

任何一种作物都有颜色，根有、茎有、枝有、杈有、叶有、花有、果有；某种作物会有某种颜色，多种作物则会有多种颜色；作物某一器官也会有某种颜色，各种器官也会有多种颜色。因此，就存在色彩鉴赏问题。色彩鉴赏包括：

色彩的比较。不同作物色彩往往不同，同种作物不同品种色彩不同，同种作物同种品种不同器官色彩也不同，这自然就存在色彩比较的必要和意义。红叶石楠和芒果是不同作物色彩之不同；红梗叶甜菜和白梗叶甜菜是同种作物不同品种色彩之不同；荔枝绿的叶、黄的花、红的果是同种作物同种品种不同器官色彩之不同。

色彩的和谐。即使是同一株作物其色彩往往也是多种多样，叶是绿色，花是红色，果是黄色。这就自然涉及色彩的和谐问题。作物植株色彩的和谐应包含两层意思：一层是各种颜色的和谐；另一层是各种颜色在结构上、组合上的和谐。

色彩的变化。农作物是生命体。既然这样，那么，不但其作物植株的大小在不断变化，器官的大小在不断变化，其色彩也在不断变化。叶色往往由淡绿逐渐变成浓绿，花色往往由浅红逐渐变成深红，果色往往由绿色逐渐变成黄色。这些变化都值得鉴赏，都会在鉴赏中带来情趣。

五、科技鉴赏

作物植株是人类运用科技培育、栽培的结果，如果说圣女果是人类运用科技培育的结果，那么，方形西瓜则是人类运用科技栽培的结果。因此，就存在科技鉴赏。科技鉴赏，应鉴赏如下内容：

科技的类型。作物植株科技主要有品种培育和栽培技术两大类。当然，若要细分，则可分出一系列。就品种培育就有常规育种、杂交育种、诱变育种、分子育种和基因育种等。上面提到的圣女果和方形西瓜，其作物植株形态特征、特别是果实的形态特征分别是品种培育和栽培技术作用的结果。通过鉴赏，就可获知其科技的类型及其科技类型的区别。

科技的水平。科技不但有类型，而且有水平，并且可通过作物的产量和质量表现出来。高产水稻和低产水稻既有不同的产量，也有不同的植株，更有不同的形态特征。显然，这些可通过鉴赏来获得，特别是在导游和科技人员的指导下获得。

科技的发展。科技是不断发展的，在其支撑下的农作物也是不断发展的。从爪哇 2878 到台糖 134，从台糖 134 到粤糖 63/237，从粤糖 63/237 到新台糖系列品种，是甘蔗主导品种变化、发展的过程，也是甘蔗育种技术发展、进步的过程。透过这些品种的形态特征，可以鉴赏到甘蔗育种技术的发展。

六、文化鉴赏

农产品的产生、形成和发展淀积、形成相应的文化，作物植株的产生、形成和发展也淀积、形成相应的文化，因此，就存在文化鉴赏。文化鉴赏，则应鉴赏如下内容：

文化的表现。作物植株文化的存在是客观的，但是，其形式却是具体的，这就是文化的表现。

文化的内涵。任何文化都是以形式来表现，以内涵来存在。作物植株文化也不例外。蔬菜迷宫被赋予了"放眼世界"、"先苦后甜"、"步步登高"、"东西南北"、"五味俱全"、"千奇百怪"、"丰富多彩"等文化内涵。

文化的互动。即作物植株文化与人类生命的互动，也就是能给人类生存和发展带来什么启示。上面提到的"先苦后甜"对人类生存和发展启示是：幸福生活源于艰苦奋斗，人类的一切成果都是辛勤劳动的结果。

七、哲理鉴赏

任何美的存在和表现都是美的表观，而美的所在和根本才是美的本质。农产品美是这样，作物植株美也一样。对作物植株美的鉴赏既要鉴赏表观，更要鉴赏本质。而对作物植株美的本质的鉴赏，就是哲理鉴赏。哲理鉴赏，应鉴赏的内容如下：

美的形式。即作物植株美以什么样的形式来表现。一般来说，作物植株美的形式有造型、大小、器官和色彩等。

美的所在。即作物植株美形成的原因。显然，不同形式的美其原因不同，而各种原由的存在及其诱发则使作物植株呈现千姿百态。

美的普遍。即作物植株美实现的途径。既然某一原由可使作物植株表现出美，那么，就存在使作物植株表现出美的其他原因。这些就是作物植株美实现的途径。

八、情趣鉴赏

农产品存在情趣鉴赏，作物植株也存在情趣鉴赏。情趣鉴赏，应鉴赏的内容则应如下：

收获。农作物总是要收获的，这就意味着可进行作物植株收获体验，从而获取情趣。收获多种多样，感受多种多样，情趣自然多种多样。

组合。农产品可以进行组合，作物植株也可进行组合。同种作物同种品种可以组合在一起，同种作物不同品种也可以组合在一起，不同作物同样可以组合在一起。因为任何组合都是一种形式，都反映、表现着设计者、营造者的理念，也就是任何组合都反映、表现着一定的主题。大地艺术景观"I love you"表现的主题就是"爱的伊甸园"、"爱的表达"和"爱的艺术"。

九、综合鉴赏

作物植株也可进行综合鉴赏，鉴赏的内容应如下：

作物植株的综合情况。即对作物植株的造型、大小、器官、色彩、科技、文化、哲理和情趣等各方面进行全面的认识、鉴定、欣赏。

作物植株的主导所在。作物植株虽然包含造型、大小、器官、色彩、科技、文化、哲理和情趣等各个方面，但总有一个是起着主导作用的，因此，在鉴赏时就应该抓住主导所在，加以鉴赏，其效果才会好。

第三节　作物植株鉴赏的视角

农产品充其量只是作物植株的器官而已。既然这样，作物植株审美产品及其美的存在和表现更是多种多样。因此，从不同视角来鉴赏作物植株更可取得不同的效果。

一、置身间的作物植株

人体完全可以置身于作物植株之间，特别是置身于乔木类、灌木类的作物植株之间，如荔枝、龙眼、木菠萝、苹果、皮果和石榴等。这样，就存在置身间的作物植株，可以从置身间的视角鉴赏作物植株。

置身间的作物植株，是浑然一体的作物植株。鉴赏作物植株的时候，可站在旁边，坐在树头，也可站在树下，爬到树上。这样，旅游者或鉴赏者就与作物植株浑然一体了。

置身间的作物植株，是树木空间的作物植株。而当置身于作物植株间的时候，所置身的树木就成为空间了。

二、田园里的作物植株

尽管作物植株可以拔离土壤、离开根部、用盆来栽，但更多的、更主要的却种植在田园上，存在和表现在田园上。这样，就存在田园里的作物植株，可以从田园里的视角鉴赏作物植株。

田园里的作物植株，是完全意义上的农业生产上的作物植株。植株间讲规格，讲株距，讲行距，讲种植密度；栽培上讲管理，讲施肥，讲灌水，讲防虫治病；生产上讲长相，讲长势，讲叶色，讲平衡生长；归宿上讲收获，讲开花，讲挂果，讲产量质量。当然，作为用来鉴赏的田园里的作物植株，规格更讲究，管理更科学，长像更美观，收获更丰硕，农业观光园上的作物植株就是这样。

田园里的作物植株，是可以构图的作物植株。田园往往是多宜的，其多宜性就为种植多种作物、多种品种提供可能，这当然包括叶、花、果颜色不同的作物和品种。通过种植叶、花、果颜色不同的作物或品种，构成或文字、或几何图案、或花鸟图案、或其他图案，形成景观。

田园里的作物植株，是可与田园里的设施和周边环境构成和谐统一体的作物植株。田园有田块、田埂，往往建有沟渠、道路、林带、棚架、电网等设施，而其周边及其附近则往往有植被、村庄、道路、水域、集市、厂矿等。显然，当这些各自成型并分布合理的时候，田园里的作物就能与其构成和谐的统一体，形成美丽的田园风光、乡村风光。

三、收获中的作物植株

作为农作物、农产品主要载体的作物植株自然是要收获的。这样，就存在收获中的作物植株，可以从收获中的视角鉴赏作物植株。

收获中的作物植株，是农产品成熟的作物植株。农产品成熟的时候，就要收获了；这时的作物植株，其农产品是成熟的。这时的作物植株以农产品为主，也就是以果实为主，鉴赏作物植株，主要是鉴赏农产品，也就是果实。

收获中的作物植株，是进行收获体验的作物植株。这时的作物植株与进行收获体验的农产品基本相同。

四、技艺上的作物植株

技艺上的作物植株，是作物植株在技艺的作用下与设施有机结合的作物植株。所谓技艺，就是技术的艺术化，包含技术和设施两大部分。如果说插植作物植株是其在营养液的作用下与花盆有机结合的结果，那么，盆景作物植株则是其在营养土的作用下与花盆有机结合的结果。

技艺上的作物植株，是与设施一起构成景物的作物植株。如果说盆景作物和插植作物植株是作物植株与花盆一起构成的盆景的话，那么，将这些盆景再通过支架等设施构成的各种物体则是作物植株与设施一起构成的景物。

第四节　作物植株鉴赏的案例

一、盆景蔬菜

盆景蔬菜，就是将蔬菜种植在花盆里，形成盆景。蔬菜的品种不同、造型不同和组合不同，就形成各种各样的盆景蔬菜（图 3 - 1、图 3 - 2、图 3 - 3、图 3 - 4）。

图 3 - 1

图 3 - 2

图 3 - 3

图 3 - 4

盆景蔬菜的最大特点就是既是蔬菜，又是盆景，既可食用，又可观赏。图3-1和图3-2尤为明显。

盆景蔬菜完全可以根据人们的需求和蔬菜的特点进行设计和制作。图3-3是几种蔬菜设计在一起，制作成小菜园的形式，给人以丰富、多样的感觉，以窗户作背景，则有城市"绿化带"的意境。图3-4则是几种蔬菜设计在同一艺术支架上，给人以高低感、错落感、群体感。

二、水稻景观

贵州安顺龙宫景区是一个国家5A级风景区，景区内用普通水稻和黑糯米水稻套种了一个植物汉字"龙"，其造型来自唐代著名书法家怀素的草书。生长之时字体为紫红色，背景为绿色。到成熟时节，其背景将变为金黄色。该字总占地约8万余平方米（图3-5）。

图3-5

广州花都梯面镇则将水稻种成"奥运五环"，形成独特的水稻田园风光（图3-6）。

从以上两则案例可以看到：由于在同一块田园上种植两种叶片和谷粒颜色不同的水稻品种，分别构成了文字和图案，一个是汉字"龙"，一个是"奥运五环"图形。显然，表现文字和图案的水稻或稻田，自然成为具有鉴赏意义的景观。

作为鉴赏，以上只能算是表观的，进一步的应该是：汉字

图 3 - 6

"龙"像不像写在纸上的"龙"字？像的程度如何？显然，只要加以观察，加以鉴赏，结论自然是：像，像"龙"字；图形"奥运五环"像不像奥运旗上的"奥运五环"？像的程度又如何？也显然，只要加以观察，加以鉴赏，结论自然也是：像，像"奥运五环"。

　　无疑，鉴赏汉字"龙"和图形"奥运五环"会得到这样的启示：一是可通过种植叶、花、果不同的作物植株，构成人们所期望的文字或图形；二是作物植株通过构成文字或图形的作物植株景观具有审美意义、鉴赏意义；三是作物植株景观的审美价值、鉴赏价值主要应存在和表现于艺术水平、文化内涵上。

第四章 田园鉴赏

田园是农业的主要载体，田园鉴赏自然应成为农业鉴赏的主要内容。

第一节 田园鉴赏的对象

这里研究的田园也是广义的，指的是所有的农业用地，包括所有已经用来生产、准备用来生产、可以用来生产、提供能够满足人们营养需求、品尝需求和原料需求的产品的土地。

田园审美产品就是依附于田园之上，依附于耕地、园地、林地、牧草地、水产品水域和宜农荒地之上，依附于所有农业用地之上的农业审美产品。如果说苹果园是田园的话，那么，苹果文化主题公园就是田园审美产品了；苹果文化主题公园除了生产苹果这一农业物质产品外，还生产苹果田园风光这一农业审美产品。

第二节 田园鉴赏的内容

农产品鉴赏和作物植株鉴赏都有其鉴赏的内容，田园鉴赏的内容如下：

一、田块鉴赏

田块是构成田园的基本单位，田园总是由一块块田块构成。因此，就存在田块鉴赏。田块鉴赏，主要应鉴赏：

田块的形状。可以说，田块的形状多种多样，有方形的，也有长方形的，但更多的却是无规则。成形的多见于整治较好的田园，特别是进行田、林、水、电、路综合治理的田园；无规则的则多见于地势不平的田园，特别是夹于山水之间的田园。如果说鉴赏成形的田园可获得规则感、秩序感、现代感的话，那么，鉴赏无规则的田园则可获得原始感、生态感、自然感。

田块的大小。田块的大小主要在于田埂的有无和周长。没有田埂的田块往往很大，有的甚至可用"一望无际"来形容，平原地区的田园往往就是这样。田埂的有无和周长往往取决于地形地势和田园经营者所拥有的面积。

田块的存在。田块存在于大地中、自然中，然而，随着人类的需求和科技的发展，田块的存在不仅仅限于大地中、自然中，还存在于花盆里、器具里。田块的不同存在不但会给人以不同的认识和情趣，而且会给人以不同的技术支持。

田块的类型。上面的研究表明，田园可分为耕地、园地、林地、牧草地、水产品水域和宜农荒地，即田块可分为这些类型。这是从利用的角度来分的，若从土壤的类型来分，我国的土壤可分为红壤、棕壤、褐土、黑土、栗钙土、漠土、潮土、灌淤土、水稻土、湿土、盐碱土、岩性土和高山土等12个系列。显然，通过鉴赏，可认识田园、土壤的分类，可增长这方面的知识。

田块的地力。田块的地力有高有低，并通过外表表现出来。对于有经验的农业科技人员和种田能手来说，一眼就可辨别出来。当然，准确的数字必须通过化验或借助测肥仪等设施才能鉴定出来。

二、设施鉴赏

为了使田园之不足得以弥补，田园中往往修建有道路、沟渠、林带、棚架、机井、水池和电网等生产设施。因此，就存在设施鉴赏。设施鉴赏，主要应鉴赏：

设施的类型。道路、沟渠、林带、棚架、机井、水池和电网等既是生产设施，也是设施的类型。这些设施都是田园之需要。

设施的水平。所谓设施的水平，其实就是设施的先进程度。设施愈先进，其功能愈强，效能愈大，效果愈好。为了解决地表水不足的问题，在地下水丰富的地区，不少都打井抽水灌溉，有的则经历了竹管井、大锅钻井、水泥管井、钢管井、岩石壁井、手摇泵水井、小口径机井、大口径机井等过程。这一过程是水利设施的发展过程，是水利设施水平提高的过程。

设施的和谐。作为审美对象，设施自然需要和谐。不过，和谐包含两层意思：一层是，设施本身的和谐。即设施本身作为个体在造型上必须讲究，在外观上必须美观，特别是应具有文化韵味。另一层是，设施与田园、作物、自然和其他设施之间的和谐。田园上的设施还必须与田园的田块、田埂、作物和其他设施以及田园周边的自然环境协调统一。当然，主要表现在布局上、组合上。

三、作物鉴赏

作物是田园的主要构成要素，因此，就存在作物鉴赏。作物鉴赏，应从如下进行：

作物的类型。这里的作物是广义的，可分为农作物、水果、树木和花卉、畜禽和水产品五大类。

作物的生长。作物的生长发育是一个从播种到收获的过程，通过鉴赏，就能认识、欣赏作物的生育过程及其不同生育期的形态特征，区别不同作物、不同品种的生长发育过程及其同一生育期不同的形态特征。

作物的长相。作物的长相既是审美问题，也是丰产问题。作为审美问题，主要在于作物植物的造型，在于作物根、茎、枝、杈、叶、花、果的协调。当造型富有艺术性时，当协调达到和谐、统一时，作物的长相就会有美感，就会成为审美对象。作为丰产问题，主要在于其长相是否有丰产长相，"吨糖田"甘蔗叶倾角一般为 $30°$。

作物的生产。指的是作物生产粮食、蔬菜、糖料、油料、木材、猪、牛、羊、鸡、鹅、鸭、鱼、虾、蟹等的生产。这样，从表观来看，就是果实是否挂满枝头。当到收获的时候，美的作物就应该是果实挂满枝头的作物。

四、景观鉴赏

从某种意义上可以说，所谓田园审美产品，实质就是田园的景观化，因此，就存在景观鉴赏。景观鉴赏，则应从如下进行：

景观的类型。田园景观可分为单一型田园景观、相间型田园景观、点缀型田园景观、林网型田园景观、设施型田园景观、阶梯型田园景观、文化型田园景观和园林型田园景观。这些景观都各有特点。单一型田园景观，就是上千亩[①]、甚至上万亩的连片土地仅种植一种作物、甚至一种品种，构成一幅整齐划一、纯朴广宽的田园景观。油菜花景观一般采用单一型田园景观的形式来营造。相间型田园景观，也叫图案型田园景观，则是在连片的土地上种植若干种或叶、或花、或果颜色不同的作物或品种，通过这些作物或品种或叶、或花、或果颜色的合理搭配，构成或字、或花、或虫、或鸟、或几何图形、或其他图案的田园景观。第三章案例中的水稻景观就属于这类景观。点缀型田园景观，指的是在田野上适当地种植一些具有当地特色的典型树木，从而起着画龙点睛的作用，并通过这些典型树木构成具有地方特色风光的田园景观。在地势起伏不平的热带地区的田园上，按照美学规律，有选择地种上一些或孤植、或对植、或丛植的椰子、木菠萝、木棉、木麻黄、荔枝和龙眼等热带典型树木，与田园上的作物，以及大自然融为一体，便构成了一幅颇具热带特色的热带田园风光。林网型田园景观，指的则是田园方格化、林网化的田园景观。我国热带地区农垦部门的橡胶园就普遍实行了方格化、林网化。设施型田园景观，指在田园上建设相应的、必要的农业生产设施，如田园房屋、机井房屋、水池、喷头和大棚

---

① 亩为非法定计量单位，1亩≈667平方米。

等，与农作物一起构成田园景观。棚栽作物形成的田园景观就属于这类景观。阶梯型田园景观，则指顺着山岭的坡势，按等高线水平，把田园建造像阶梯一样，并与田园上种植的作物一起，构成逐一递进、由低到高、线条分明的田园景观。哈尼族梯田就是典型的阶梯型田园景观。文化型田园景观，就是指对单一型田园景观等各种类型田园景观赋予相应的文化内涵形成的田园景观。第三章案例中的水稻景观也属于这类景观。园林型田园景观，也叫公园型田园景观，则是指仿照园林或公园的款式，运用艺术的手法，营造出来的形式多样、功能齐全、可供人们游玩的田园景观。北京昌平苹果文化主题公园就属于园林型田园。

景观的表现。田园景观都有表现形式，单一型田园景观以"单一"的形式来表现，相间型田园景观以"相间"的形式来表现，点缀型田园景观以"点缀"的形式来表现，等等。

景观的特殊。田园景观可分为以上类型，并以相应的形式表现之，但是，即使同一类型田园景观，不同的田园总有其固有的景观，这就是景观的特殊。哈尼族梯田景观和大寨梯田景观都是以"阶梯"的形式来表现美，都属于阶梯型田园景观，但是，哈尼族梯田景观更多的是以自然的状态来表现，大寨梯田景观更多的是以人造的状态来表现。

五、科普鉴赏

田园设计中有一种特殊的设计，即田园科普设计，也就是将田园景观设计成田园科普。而所谓田园科普，就是以田园为载体，用农业生产及其过程、行为、工具来普及农业知识的科普活动。科普鉴赏，鉴赏的内容如下：

科普的类型。田园科普分为作物种类知识普及、作物栽培知识普及、栽培技术知识普及、生产工具知识普及、作物新品种知识普及、先进实用新技术知识普及、现代农业装备知识普及、农业发展知识普及和农业文化知识普及。通过鉴赏，就能认知、鉴别、欣赏田园科普的类型。

科普的内容。田园科普总有普及的内容，作物种类知识普及田园普及的是作物种类知识，作物栽培知识普及田园普及的是作物栽培知识，等等。通过鉴赏，自然能够认识、鉴别、欣赏田园科普的内容。

科普的景致。既然田园科普是田园景观的一种特殊的形式，是一种从科普的角度营造的田园景观，那么，田园科普自然形成景观，自然成为审美对象。当有多种作物种类知识、多种作物栽培知识、多种栽培技术知识、多种生产工具知识、多种作物新品种知识、多种先进实用新技术知识、多种现代农业装备知识、多种农业发展知识同时普及的时候，往往按照对象时间的先后顺序、科技含量的低高顺序逐一排列。

六、体验鉴赏

田园体验设计，就是将田园景观设计成田园体验。而所谓田园体验，则是通过在田园中进行农业劳动，获取农业劳动知识，体验农业劳动生活的生活方式。体验鉴赏，鉴赏的内容应如下：

体验的类型。田园体验分为种植体验、田间管理体验、收获体验、品尝体验、加工体验、农业劳动工具使用体验、农业投入品应用体验和农业劳动技能运用体验等类型。

体验的方式。种植体验采用种植的方式体验，田间管理体验采用田间管理的方式体验，收获体验采用收获的方式体验，等等。通过插秧和施肥，就能获得不同的体验方式，获得种植和田间管理的体验方式。

体验的对象。在田园劳动中，可体验的对象，有农作物，有农产品，有田园，有农业劳动工具，有农业投入品，有农业劳动技能。

体验的情趣。田园体验可形成视觉情趣、听觉情趣、嗅觉情趣、口觉情趣、手觉情趣、脚觉情趣、头觉情趣、身觉情趣、用觉情趣和悟觉情趣。视觉情趣、听觉情趣、嗅觉情趣、口觉情趣、手觉情趣、脚觉情趣、头觉情趣、身觉情趣，分别指的是在田园体验中，通过引发、满足人们视觉、听觉、嗅觉、口觉、手觉、脚觉、头觉、身觉需求和享受来存在和表现情趣的方式。用觉情趣，指的则是在田园体验中，通过农业劳动工具的使用、农业投入品的应用和农业劳动技能的运用等，引发和满足人们的需求和享受，产生和形成的相应的体验情趣。悟觉情趣，就是在田园体验中，多种感觉升华、形成的一种理性层面、文化层面、哲学层面和精神层面的情趣。

七、养生鉴赏

田园养生设计，就是将田园景观设计成田园养生，因此，就存在养生鉴赏。养生鉴赏，应鉴赏如下内容：

养生的类型。田园养生可分为回归自然、享受生命、修身养性、度假休闲、健康身体、治疗疾病、颐养天年等类型。这无不意味着可从这些方面鉴赏田园养生。

养生的方式。田园养生以农作、农事、农活为生活内容，即意味着田园养生可采用农作、农事、农活的方式。农作，指的是农业生产和农村经济活动，包括作物栽培、树木栽植、畜牧饲养和水产品捕捞、养殖，以及农产品加工、建筑、流通、服务等；农事，指的是农村中除农业生产和农村经济活动之外的其他一切社会事务，包括政治活动、村庄建设、乡风文明和宗教信仰等；农活，指的是农村中的日常生活，包括食、穿、住、行等。

养生的情趣。田园养生情趣可形成环境情趣、野境情趣、园境情趣、村境情趣、场境情趣、事境情趣、物境情趣和心境情趣。

八、生活鉴赏

田园生活设计，就是将田园景观设计成田园生活。而所谓田园生活，是将田园作为庭院的延伸，作为庭院的有机组成部分，建成庭院化的田园，建成田园化的社区，成为人们日常生活的空间和场所，并将农耕活动作为日常生活的主要内容之一。因此，就存在生活鉴赏。生活鉴赏，则应鉴赏如下内容：

生活的类型。田园生活可分为祖居型、移居型、短居型、休闲型和社区型等类型，即可从这几方面体验田园生活，鉴赏田园生活。

生活的方式。像一般的日常生活一样，田园生活也采取吃、穿、住、行、娱的方式，不过，除这些以外，还采取农耕活动的方式。

生活的情趣。田园生活可形成吃的情趣、穿的情趣、住的情趣、行的情趣和娱的情趣。

九、哲理鉴赏

农产品存在哲理鉴赏，作物植株也存在哲理鉴赏，田园同样存在哲理鉴赏。所谓哲理鉴赏，就是对田园景观美之本质的鉴赏。包括：

美的形式。田园美可以田块、设施、作物、景观、科普、体验、养生和生活等形式来表现。

美的本质。即田园美的所在、美的原由。田块形状美就美在其形状符合美学规律，田园上的设施美也就美在其中各自造型及其组合符合美学规律，等等。

第三节　田园鉴赏的视角

一、高空下的田园

鉴赏田园，可站在田园边，可走进田园里，也可从高空中，坐在飞机上，透过窗户就可以。自然，乘坐直升机尤为理想。这样，就存在高空下的田园，可以从高空下的视角鉴赏田园。

高空下的田园，是与自然浑然一体的田园。在高空下，不但可看到田园，看到田园的作物和田园上的道路、沟渠、林带、房屋、机井、水池、棚架和电网等设施，而且可看到田园四周的植被、村庄、厂矿、集市和道路等。

高空下的田园，是"万绿丛中一点红"的田园。在高空下，田园与自然是浑然一体的，但是，田园的绿总是相对突出，总是显得与周边的自然不一样，就像绿色地毯一样，处于自然之中，当周边自然的植被稀疏或几乎没有的时候，这一特点更加明显。

高空下的田园，是全景式的田园。在高空下，可一览田园之景观；尽管朦胧，却能够看到整片田园，即使面积较大，也能尽收眼底；可清楚地欣赏田园之景观，随着飞机的飞行，特别是围绕田园的飞行，田园之全景就能比较清楚地呈现在眼前。

二、技艺上的田园

农作物可用花盆来栽植，形成盆景作物；也可用营养液来种植，形成营养液作物；还可用棚架来摆设，形成棚架作物；如此等等。这样，就存在技艺上的田园，可以从技艺上的视角鉴赏田园。

技艺上的田园，是农业与艺术相结合的田园。技艺上的田园，往往将土壤装在花盆里，田园花盆化。技艺上的田园，盛装土壤的花盆和盛装营养液的器具往往不但是美观的，而且与作物一起构成艺术品，形成盆景作物或景观作物。

三、设施上的田园

在田园，在作为农业旅游、观光的田园，完全可以坐着观光车，沿着田园道路，一边行走，一边观赏。这样，就存在设施上的田园，可以从设施上的视角鉴赏田园。

设施上的田园，是可以进行多维度鉴赏的田园。观光车、牛车、农夫车和手扶拖拉机等交通工具，相比于双脚来说，具有快捷、省力、方便等特点，这样，就给游玩、观光带来方便，可到田园的任一地方，从任一角度来鉴赏田园，鉴赏田园上的作物和设施以及田园、作物、设施和周围环境构成的田园风光。

设施上的田园，是多元一体的田园。乘坐观光车、牛车、农夫车和手扶拖拉机等交通工具，拿着望远镜和照相机等设施，沿着田园道路游玩、观光，人与交通工具、与设施、与田园自然构成多元一体的景物。

四、劳动中的田园

田园是农业生产的载体，更是农业劳动的载体。在田园，可进行备耕、种植、中耕、除草、施肥、灌水、防虫、治病、收获等劳动。这样，就存在劳动中的田园，可以从劳动中的视角鉴赏田园。

劳动中的田园，是不同劳动时段体验的田园。农业生产过程往往经过种植、田间管理和收获三个时段，进行这些劳动时段的劳动体验，可获取相应体验的情趣。

劳动中的田园，是不同劳动工具体验的田园。有多少种劳动工具，就可进行多少种劳动工具体验，从而获取多少种情趣。通过使用铁锄，还可体验传统农业的劳动；通过使用石锄，则还可体验原始农业的劳动。

劳动中的田园，是不同农业投入品体验的田园。在农业生产中，往往需要投入种子、肥料、农药和农膜等农业投入品，这就意味着可进行农业投入品应用的劳动体验，可获取这些体验的不同情趣。

五、生活中的田园

作为旅游、休闲、观光的田园，既是生产粮食、甘蔗、蔬菜和水果等农业物质产品和生产美观的产品、健美的植株和美化的田园等农业审美产品的田园，也是人们的一种生存、生活空间。这样，就存在生活中的田园，可以从生活中的视角鉴赏田园。

生活中的田园，是庭院化的田园。田园是庭院的延伸，田园中的作物宛如庭院中的树木、甚至客厅里的盆景，田园中的道路宛如庭院中的小径、甚至客厅中的走道，置身于庭院化的田园中，就宛如生活在园林化的庭院之中。

生活中的田园，是不同类型田园生活体验的田园。田园生活可分为祖居型田园生活、移居型田园生活、短居型田园生活、休闲型田园生活和社区型田园生活。到不同类型田园中生活，就能获得相应的体验和情趣。

生活中的田园，是文化艺术的田园。在田园生活中，田园不但是农业生产的载体，而且是文化艺术的空间。对于素质较高的旅游者、休闲者来说，不但追求吃、穿、住、行，而且追求文化艺术，并会将这种追求延伸到田园中。

第四节　田园鉴赏的案例

关于田园鉴赏也用三个案例，分别是油菜花景观、元阳梯田和海上田园。

一、油菜花景观

陕西汉中盆地是传统的油菜种植生产基地，年种植油菜 100 多万亩，年产油料近 20 万吨。这里为盆地和浅山丘陵。每到春天，盛开的金黄色油菜花就会将这里装扮成一个巨大的山水盆景。无疑，这里的美在于上百万亩油菜花形成的壮观场面以及油菜花与盆地和浅山丘陵凸显的山水构成的盆景般的景观（图 4 - 1、图 4 - 2）。

图 4 - 1

江苏兴化缸顾乡也是油菜种植基地。这里河道纵横。750 年

图 4 - 2

前，这里的农民在水中取土堆田，整齐如垛，这样，千姿百态的垛田在辽阔的水面上便形成上千个湖中小岛，好似"万岛之国"。每到油菜花盛开的时候，金灿灿的油菜花便将一个个垛田变成金黄色的垛田，变成金黄色的"花岛"，并构成金黄色的"万岛之国"，加上蓝天、碧水，形成"河有万湾多碧水，田无一垛不黄花"的奇丽画面。这里的美在于垛田以油菜花装扮而成的金黄色"花岛"和"万岛之国"。当然，蓝天、碧水的衬托也是一个重要因素。显然，其鉴赏的最佳方式是泛舟其中，边欣赏，边赋诗作对（图 4 - 3、图 4 - 4）。

图 4 - 3

图 4-4

　　湖北油菜种植面积和总产量连续多年位居全国第一。其中荆门达 200 万亩。荆门地处江汉平原。每年 3—4 月间，油菜花开，一望无际，好似大片大片的云朵，"漫卷西风"，遍布在丘陵、山冈、房前、屋后，使这里形成"金色的世界"和"菜花的海洋"。而湖北省唯一一个以大宗农作物为依托举办的节会——荆门油菜花旅游节，则使这里形成浓郁的节日气氛；全国首个油菜文化博物馆，则使这里彰显独特的油菜文化。这里的美在于油菜花与丘陵、山冈、村落有机融合一起形成的"金色的世界"和"菜花的海洋"，以及油菜文化的利用、彰显和升华（图 4-5、图 4-6）。

图 4-5

图 4 - 6

二、元阳梯田

元阳梯田，又名元阳哈尼梯田，位于云南省元阳县哀牢山南部，绵延整个红河南岸的红河、元阳、绿春及金平等县，仅元阳县境内就有 17 万亩梯田，是元阳梯田的核心区。

元阳梯田主要有新街景区，包括云雾山城、箐口民俗村、龙树坝日落梯田景、土锅寨日出梯田景、金竹寨田园风光景、芭蕉岭等；坝达景区，包括箐口、全福庄、麻栗寨、主鲁等连片 14 000 多亩的梯田；勐品景区，包括老虎嘴、勐品、硐浦、阿勐控、保山寨等近 6 000 亩梯田；多依树景区，包括多依树、爱春、大瓦遮等连片上万亩梯田（图 4 - 7、图 4 - 8、图 4 - 9、图 4 - 10）。

图 4 - 7

图 4 - 8

图 4 - 9

图 4 - 10

无疑，鉴赏元阳梯田，最值得鉴赏的自然是其梯田景观。元阳梯田规模宏大，气势磅礴，神奇壮丽。龙树坝梯田由于地里、水里矿物质特殊，生长着很多浮萍，特别是红浮萍，使梯田在阳光下呈现红色，成为红梯田，景色宜人。麻栗寨景区梯田从海拔 1 100 米的麻栗寨河起，连绵不断的成千上万层梯田，直伸延至海拔 2 000 米的高山之巅，把麻栗寨、坝达、上马点、全福庄等哈尼村寨高高托入云海中，宛如一片坡海，随着夕阳西下，逐渐由白色变成粉红色、红色，再转变成粉红色、白色，场面恢宏，景色壮观，线条美丽，立体感强。多依树景区梯田三面临大山，一面坠入山谷，状如一个大海湾。布满在临山三面的无数村落，一座座蘑菇房如整装待发的帆船，6 000 亩梯田均由东向西横着。站在高高的黄草岭村后山观赏，如万马奔腾，似长蛇舞阵。整块梯田上半部分稍缓，如万蛇蠕动，下半部分较陡直入深渊，如将倾的大厦，令人提心吊胆。6 000 亩梯田水源充足，白花花的大海湾如一个巨大的瀑布从南向北倾泻，壮观无比。这里一年有 200 天云海缠绕，不肯离去，忽东忽西，忽上忽下，一会儿无影无踪，一会儿又弥天大雾，忽而往下蹿，淹没一层层梯田、村寨；时而往上蹿，露出一层层梯田、村寨。一天如此反复，每次各异。在勐品景区，老虎嘴勐品梯田状如一朵盛开的白色巨花，3 000 多亩梯田形状各异，如万蛇般静卧的花蕊，阳光照射下似天落碧波，浪花泛起，万蛇蠕动，如湖似海，近百个田棚点缀其间，似航行的小舟，令人惊叹不已。往西遥望，2 000 多亩阿猛控梯田嵌刻在由南向北从渊谷直伸高山的三座脊梁山，忽高忽低，忽大忽小，忽曲忽直，三座三梁披挂着层层梯田如三条巨龙，尽情挥舞，在夕阳余晖下，红白黑相映，光彩夺目。往东远眺，2 000 多亩保山寨梯田全攀附在 7 座半圆形山梁上，全成弯月形天梯，直指苍穹。7 座半圆形山梁上的梯田相连，阳光倾泻，波光粼粼，成为立体海洋。7 座半圆形山梁中间，有无数个圆形小山包，每个小山包又被层层圆形梯田缠绕，山顶部是田棚，青翠竹木果林，似梦幻仙境。

鉴赏元阳梯田，值得鉴赏的还有其生态。梯田分布在海拔

2 000 米以下、坡度 15～75 度之间的低坡地带，种植着水稻、蔬菜等作物；村寨分布在海拔 1 400～1 700 米的缓坡地带，修建着一座座"封火房"、"蘑菇房"和"土掌房"；海拔 2 000 米以上为高山森林带，仅省级自然保护区就达 24 万亩，生长着国家一级保护动物蜂猴、黑熊等，一级保护植物长蕊木兰、桫椤等；水系贯穿于田园之中，并在"木刻分水"制的管理约束下川流不息地滋润着田园。一句话，整个元阳梯田形成"江河·梯田·村寨·森林"四度同构的生态体系。

鉴赏元阳梯田，值得鉴赏的还有其民风民俗。在那里，梯田文化融入到哈尼族的饮食、服饰、居住、语言、文学和歌舞等生活中，使饮食独具口感，服饰靓丽多彩，居住民族特色，歌舞民俗风格，如果说点缀在梯田里的大大小小的的蘑菇房使梯田文化得以音乐般凝固的话，那么，哈尼族木鼓舞、棕扇舞、碗舞和木雀舞则使梯田文化得以升华。

鉴赏元阳梯田，采用不同的视觉效果不同。就季节来说，尽管一年四季皆有其美，但是，在夏天，到处是一片青葱稻浪，因为哈尼族人习惯在每年 6 月插秧；到了 10 月，随着稻谷的成熟，到处则是一片金色田野；而到了冬天，梯田由于注水而闪现出银白色的光芒，凸显出婀娜多姿的轮廓，诠注了梯田最美的景观。就每天来说，在日出开始前，梯田优美的轮廓已经在黎明的晨曦中若隐若现，站在高处俯瞰，宛若一幅极其淡雅的水墨画；当太阳从东方升起后，红色的朝阳投射在西侧的村庄上，四周的颜色也随着太阳的升高而不断变幻，既多彩，又烂漫；太阳下山时，随着夕阳余晖的逐渐散去，坝达和老虎嘴的梯田会变幻出绮丽的色彩，并不时与田埂的线条交织，构成一幅幅美丽的彩绘版画。当然，从其他视角鉴赏，还会获得其他不同的效果。

三、海上田园

海上田园，全称海上田园旅游区，属深圳市海上田园旅游发展有限公司旗下，位于宝安区沙井街道，地处珠江入海口东岸水陆滩涂接壤处，首期开发面积 173 万平方米，是国家 AAAA 风景旅游区，全国农业旅游示范点，深圳市绿色景区。旅游区内湖泊、河道纵横交错，密林遍布，绿草如茵；红树林、芦苇荡和桑基鱼塘中鸟飞鱼跃；园区四季花开，空气清新，环境优美。海上田园是天人共享的湿地生态乐园。

　　海上田园设基塘田园、欢乐天地、生态度假村等十大景区，集观光游览、休闲度假、会议培训、生态科普、健身疗养等功能于一体。生态度假村拥有客房 200 余间，配套多种规格的会议室及娱乐、健身服务；明月楼、泮湖楼提供中、西式餐饮服务，其原料主要采自园区湖泊自养的鱼、虾、蟹和园内菜地种植的蔬菜瓜果（图 4 - 11、图 4 - 12）。

图 4 - 11

图 4 - 12

　　基塘田园景区。基塘生产是珠江三角洲一种独具地方特色的农业生产形式。其特点是把低洼的地方挖土为塘，饲养淡水鱼；将泥土堆砌在鱼塘四周筑成塘基，在塘基上栽果树、桑树、甘蔗，分别形成"桑基鱼塘""果基鱼塘""蔗基鱼塘"。特别是"桑基鱼塘"，蚕沙（蚕粪）喂鱼，塘泥肥桑，栽桑、养蚕、养鱼三者有机结合，形成桑、蚕、鱼、泥互相依存、互相促进的良性循环。基塘田园景区就是当年基塘生产模式的保存和再现。在这里踏水中汀步，过基塘小桥，穿桑基，走花径，柳下垂钓，林间品茗，梦里故园，仿佛找到了唐诗宋词的缱绻深情，仿佛到了花深无地的烟雨江南（图4-13）。

图4-13

桃林苑景区。一栋栋温馨的小木屋散布于微波荡漾的芦花湖。远处有丛丛芦苇和绿色的小岛；环绕木屋的堤岸两边，是连片的桃树。每一幢木屋都设有客房、起居厅、亲水台。清晨，小鸟从霞光中飞过窗台；傍晚，蛙鸣渔火，飞鱼戏水。置身其间，无不有"桃花流水沓然去，别有天地非人间"的意境（图4-14、图4-15）。

图4-14

图 4-15

生态度假村。由一栋综合服务楼（明月楼）和 16 栋造型各异的度假别墅组成，展现着人类树居、船居、洞居、穴居等四种古老的生态居住方式，并以凝练的建筑语言，讲述人类与自然和谐相处的故事，特别是螺姬居，通过两枚洁白的海螺造型，柳丝般轻轻诉说着螺姬姑娘纯洁的爱情故事。居住其中，既可体验古代居住文化，还可感悟原始居住生态（图 4-16、图 4-17）。

图 4-16

生态科普雕塑群景区。主要包括环绕田园广场的十个生态科普雕塑景点，其每一组雕塑分别表现着家园四季、寂静的春天、经典生物链、哭泣的森林、深沉的嗥叫、趣味植物园、植物细胞图谱、延命菊世界、标本群、美丽小宇宙等 10 个生态科普故事。而入口广场的一组雕塑《天地童年》则展示了珠江三角洲渔农文化历史洪

图 4-17

荒岁月、动物乐园、远古人类、农耕文化、牧业发展、渔业养殖等
六个阶段。驻足雕像，品读文化，天人合一、人与自然和谐共处的
理想就会在有意无意中形成（图 4-18、图 4-19）。

图 4-18

图 4-19

水乡新邨景区。在芦花湖西北岸的一座水上小镇，蜿蜒数百米的河道两岸客栈林立，小巷交错；房屋骑楼临水而建，瓦沿叠落，小桥如虹；客房、会议室、茶楼、酒肆、戏院、休闲中心、健身房鳞次栉比。架一叶扁舟随波荡漾，叫上几件风味独特的南北小吃，看着水上戏台上演唱的古老社戏，宛如生活在宁清梦幻的水乡世界；而下榻在河边客栈，枕着轻波软浪，宛如置身于梦幻的田园仙景（图4-20、图4-21）。

图4-20

图4-21

生态文明馆景区。是"海上田园"的主题展馆，是展示中华民族五千年生态文明史的时空隧道。展馆外墙通过我国迄今面积最大的陶制浮雕作品，表达人与自然和谐共处的主题；馆内通过10个1 350平方米的展厅采用现代化声、光、电技术，展示上古时代以来人与自然互动、演化和发展的历史。置身其中，中华民族五千年历史创造的农耕文明成果会浓缩于眼前，而生态世界的美好前景呈现于脑海（图 4 - 22）。

图 4 - 22

田园广场景区。主要由大草坪和游乐场组成。占地 10 万平方米的大草坪可组织、举办拔河、走大板鞋、踩高跷、滚铁环等健身活动，配套机动游乐设施的游乐场则可进行具有参与性和刺激性的游乐活动（图 4 - 23、图 4 - 24）。

图 4 - 23

图 4 - 24

欢乐天地景区。这边厢，三级绳飞渡、好汉桥、臂力桥、方板荡桥、彩虹荡桥、外踩滚筒桥、双层钢丝桥、悬链桥、波浪内踩啤酒桶；那边厢，水上梯桥、同心桥、水上平衡木；芦花湖上，碰碰船、竹筏、水上单车、脚踏游船。如果说这里是勇敢者乐园的话，那么，芦花湖上则是勇敢者的憩地（图4-25、图4-26）。

图4-25

图4-26

红树林实验基地。景区内保持了珠江口湿地的原有风貌。渔民在这里挖泥成塘，培泥成基，在基上栽种蔬菜果树；在塘里养殖鱼、虾、蟹，一丛丛的芦苇和红树林吸引着大量鸟类栖息。景区包括生态养殖区、国家863科研基地、红树林迷宫、百家菜园、红树林实习基地等。荡舟于红树林及芦苇荡中，与野生动植物亲密接触，融入原生态（图4-27、图4-28）。

图 4-27

图 4-28

农家风情寨景区。这里有豆腐坊、耕渔居、油榨坊、烤酒坊等四座农家小院，农夫农妇们在草舍、山冈、湖泊、绿野中摘桑养蚕、酿酒、榨油，演示着田园牧歌式的农家生活场景，在潜移默化中升华出一种原生的田园情趣（图 4-29）。

图 4-29

第五章　自然鉴赏

农业审美产品包括农村地区的自然审美产品，农业鉴赏应包括自然鉴赏。

第一节　自然鉴赏的对象

自然是什么？自然是天然存在的东西，是不经过人为作用的东西，日、月、星、辰是自然，冰川、岩石是自然，土地、野生稻是自然，当然，还有许多许多。

农村地区中的自然，包括土壤及其上生长的植被、生活的动物、存在的石头、形成的水域等。

自然审美产品指的是农村中存在着美的自然。

第二节　自然鉴赏的内容

在大地中，除了人为的，就是自然的了。在乡村也是这样，即乡村可鉴赏的自然内容有许多。可作如下归纳：

一、平原鉴赏

地势平坦的地区就是平原。指地势低平，起伏和缓，相对高度一般不超过 50 米，坡度在 5°以下的地貌。我国主要的平原有东北平原、华北平原、长江中下游平原、珠江三角洲平原等。不少乡村就处于平原中。因此，就存在平原鉴赏。平原鉴赏，主要应鉴赏：

平原的类型。一般来说，平原分为海蚀平原、冰蚀平原、准平原、湖积平原、海积平原、三角洲平原、泛滥平原、冲积平原、侵蚀平原、堆积平原、高平原、低平原等类型。三角洲平原由三角洲发展而成，如长江三角洲平原、珠江三角洲平原。通过鉴赏，就能获知各种平原。

平原的成因。尽管平原的类型不同，但是，都是在一定的条件下，通过自然力的作用形成的。三角洲平原是由于河流注入海洋或湖泊的过程中，由于入海口或入湖口遇到障碍物，造成河流中的泥土等物体堆积，形成堆积体，脱水而成。

平原的景观。十分显然的是，平原的最大特点是平坦、辽阔，往往会给人以"一望无际"的感觉。

二、丘陵鉴赏

地势低缓起伏的地区则是丘陵。一般是指海拔在 200 米以上，500 米以下，相对高度一般不超过 200 米，起伏不大，坡度较缓，地面崎岖不平，由连绵不断的低矮山丘组成的地形。丘陵鉴赏，主要则应鉴赏：

丘陵的类型。我国的丘陵主要有东南丘陵、江南丘陵、江淮丘陵、浙闽丘陵、两广丘陵、辽胶丘陵、山东丘陵、川中丘陵等。不少乡村也就处于丘陵中。

丘陵的成因。小山脉的风化、不稳定山坡的滑动、河流的侵蚀、冰川运动形成的聚积、植被风化留下的遗物都会形成丘陵。通过鉴赏，就会认识各种成因的丘陵。

丘陵的景观。自然，丘陵最特出的景观是地形地势的高低起伏，特别是低丘缓坡宛如海洋一般，无不给人以开阔感、包容感。

三、山岭鉴赏

山一般指海拔 500 米以上，离地面高度 100 米以上，起伏较大的地貌。而一个又一个的高山相连在一起就是山岭了。在我国，著名的山岭有泰山、黄山、庐山等，不少乡村同样处于山岭中。山岭鉴赏，可鉴赏：

山岭的类型。根据高度，山岭可分为高山、中山、低山。海拔在 3 500 米以上的为高山，在 1 000～3 500 米的为中山，在 1 000 米以下的为低山。根据成因，则可分为褶皱山、断层山、褶皱—断层山、火山和侵蚀山等。根据组合，可分为独山、山岭和山脉。

山岭的成因。山岭的成因是多样的。褶皱山是地壳中的岩层受到水平方向的力的挤压，向上弯曲拱起而形成的；断层山则是岩层在受到垂直方向力的作用而断裂，然后再被抬升而形成的。

山岭的景致。山岭是比较有景致的物体，山岭的景致往往表现在雄伟和秀丽上，当然，也存在其他形式的美。著名的黄山就以其奇松、怪石、云海、温泉叫绝于世。

四、盆地鉴赏

四周高、中间平或低缓起伏的就叫盆地了。我国著名的盆地有 5 个，分别为四川盆地、塔里木盆地、吐鲁番盆地、准噶尔盆地、柴达木盆地等，面积都在 10 万平方千米以上。不少乡村处于盆地之中。盆地鉴赏，则可鉴赏：

盆地的类型。根据地球海陆环境，盆地分为大陆盆地和海洋盆地两大类。根据成因，大陆盆地又分为构造盆地和侵蚀盆地。

盆地的成因。一般来说，盆地主要由于地壳运动，使地下岩层受到挤压或拉伸，变弯或产生断裂，造成部分岩石隆起，部分下降，并由隆起部分包围下降部分而形成，如吐鲁番盆地、江汉平原盆地等。有的盆地由地表外力，如风力、雨水等破坏作用而形成，甘肃、内蒙古和新疆等地的盆地就是这样。

五、水域鉴赏

在乡村中，同样存在着许多天然的水域，有湖泊，有河流，有溪涧，有山塘，在海边，自然还有海洋。因此，就存在水域鉴赏。

水域的类型。湖泊、河流、溪涧、山塘、海洋等就是水域的类型。在乡村，最有鉴赏意义的应是溪涧、山塘。

水域的成因。水域种类繁多，成因自然也各种各样。溪涧和山塘则多由于地下泉水涌出而形成。

水域的景致。水域种类是多样的，景致也是多样的，从而形成千姿百态的水域景观。

六、沙漠鉴赏

我国较大的沙漠有塔克拉玛干沙漠、古尔班通古特沙漠、巴丹吉林沙漠、腾格里沙漠、柴达木沙漠、库姆塔格沙漠、乌兰布和沙漠、库布齐沙漠、毛乌素沙地、浑善达克沙地、科尔沁沙地、呼伦贝尔沙地等。因此，就存在沙漠鉴赏。

沙漠的类型。沙漠可分为贸易风沙漠、中纬度沙漠、雨影沙漠、沿海沙漠、盐碱沙漠等。不同的沙漠有不同的特点，更有不同的美感。

沙漠的成因。大凡沙漠都有成因，沙漠的成因有两大类型：一是由于人类的不合理利用，如过度的砍伐、放牧和樵采，而使地面失去植被或减少植被，在干旱和大风的作用下，久而久之形成的；二是在干热风、寒流、地形地势、地质变化等自然力作用下形成的。

沙漠的景致。沙漠最美的景观应是荒凉中的生命——生命的存在和张扬，因为生命的存在和张扬就使得荒凉的沙漠变成"无荒"的沙漠，变成美丽的沙漠。沙漠最壮观的生命景观却应是长满仙人掌的沙漠，如位于美国亚利桑那州的仙人掌公园，不但有巨大的树形仙人掌，更有 1 000 多个品种的仙人掌。它们的存在似乎在向人们张扬：我们最有生命力。

七、植被鉴赏

植被，就是生长于土表之上的植物。植被鉴赏，可鉴赏如下：

植被的类型。植被可分为热带雨林、热带旱林、热带草原、荒漠、温带草原、温带森林、针叶林、苔原和山地等。

植被的成因。植被的成因主要是气候，其次是土壤。在热带地区，雨量充足、无明显干湿季之分的气候条件下形成的是热带雨林；雨量充足、有明显干湿季之分的气候条件下形成的则是热带旱林；雨季短、旱季长的气候条件下形成的则是热带草原。

植被的景致。植被的景致包含两个层面：一是单株植物形成的景观。鉴赏这一景观，不但可获得对这类植物形态特征的认识，而且获得对当地植被形态特征的认识。二是整体植物形成的景观。作为一片的植被呈现出来的自然会丰富多彩，但主要的却会是：植物的多样、分层和组合。这样的鉴赏对象最理想的应是原始森林。

八、动物鉴赏

鉴赏动物，则可鉴赏如下内容：

动物的地区性。即动物的地区分布，也就是动物的生态适应性。例如，在热带地区可看到穿山甲，在寒带地区可看到雪豹，在蒙古地区则可看到蒙古草原狼。

动物的原生性。即动物在当地生态条件长期作用下形成的生活习性和本能特征。

动物的审美性。天然生活着的动物的审美性在于其原生性，在于其与经过人工驯养的牲畜和家禽的区别。

第三节 自然鉴赏的案例

一、黄山

黄山，位于安徽省黄山市，原名黟山，唐朝时更名为黄山，取自"黄帝之山"之意。黄山是世界自然和文化双遗产，世界地质公园，中国十大名胜古迹之一，国家 5A 级旅游景区。

黄山风景区面积 160.6 平方千米，东起黄狮，西至小岭脚，北始二龙桥，南达汤口镇，分为温泉、云谷、玉屏、北海、松谷、钓桥、浮溪、洋湖、福固九个管理区，包括 200 多个大小景点。

黄山以奇松、怪石、云海、温泉"四绝"著称于世，拥有"天下第一奇山"之称，素有"五岳归来不看山，黄山归来不看岳"之誉（图 5 - 1、图 5 - 2、图 5 - 3、图 5 - 4）。

图 5 - 1

图 5 - 2

图 5 - 3

图 5 - 4

　　无疑，鉴赏黄山的最佳方式是采用游览的方式，即一边行走，一边鉴赏，一边品读。在鉴赏中，跟着导游，沿着游览线路，逐一游览。置身其间，无不有与黄山同在、与自然同在的感觉。的确，那里天然生长着的松树、存在着的石头、喷涌着的温泉、飘动着的云朵，无不会使你看到自然、感悟自然，而双脚行走的路径、双手触摸的花草、双耳听到的鸟语、脸颊掠过的微风、鼻孔吸入的氧气则无不会使这一行为得以升华。

　　鉴赏黄山也可采用生活的方式。当然，理想的生活方式是到那里的村庄中、农户中居住。与入住的农户同吃、同住、同劳动，扮演一个"黄山人"、一个"自然人"。因为居住的氛围基本上是天然的黄山，是天然的松树、石头、温泉和云朵，生命融合于天然的一草一木中，对话松树，磨合石头，泡浸温泉，悠然自得。

　　鉴赏黄山最值得鉴赏的应是其著称于世的"四绝"，即奇松、怪石、云海和温泉。通过奇松的形状，品读出迎客松、望客松、送客松、蒲团松、竖琴松、麒麟松、探海松、接引松、连理松、黑虎松、龙爪松的文化内涵；通过怪石的造型，感悟出梦笔生花、喜鹊登梅、老僧采药、苏武牧羊、飞来石、猴子观海的文化意境；通过云海的分布，想象出东海、南海、西海、北海、天海的天宫所在；通过温泉的浸泡，治疗消化、神经、心血管、新陈代谢、运动等系统的某些疾病、特别是皮肤病，体验返老还童、羽化飞升的仙境。

二、九寨沟

九寨沟，位于四川省西北部岷山山脉南段的阿坝藏族羌族自治州九寨沟县漳扎镇境内，是国家级自然保护区，中国著名风景名胜区，全国文明风景旅游区示范点，国家 5A 级旅游景区，被纳入《世界自然遗产名录》、"人与生物圈"保护网络。

九寨沟是一条纵深 50 余千米的山沟谷地，系长江水系嘉陵江上游白水江源头的一条大支沟，总面积 650.74 平方千米，大部分为森林所覆盖。因沟内有树正、荷叶、则查洼等九个藏族村寨坐落在这片高山湖泊群中而得名。

九寨沟海拔在 2 000 米以上，沟内分布 108 个湖泊，还有瀑布群和钙化滩流等，尤以五花海、五彩池、诺日朗瀑布著名。2009年，瀑宽 320 米的诺日朗瀑布入选中国世界纪录协会中国最宽的瀑布（图 5-5、图 5-6、图 5-7、图 5-8）。

图 5-5

鉴赏九寨沟最值得鉴赏的则应是日则沟、五花海、五彩池和诺日朗瀑布等著名景点。日则沟风景线全长 18 千米，在诺日朗和原始森林之间，是九寨沟风景线中的精华部分，美艳绝伦，变化多端。有的海子色彩艳丽，如变幻莫测的万花筒；有的原始自然，如入仙境；有的幽深宁静，如摄人心魄的宝镜。其间更有落差最大的

图 5 - 6

图 5 - 7

图 5 - 8

瀑布、聚宝盆似的滩流、古木参天的原始森林。各个景点排列有序，高低错落，转接自然，给人以强烈的美的感受，使人激动不已。五花海位于九寨沟三条沟的日则沟中段，孔雀河上游，海底的钙化沉积、各种色泽艳丽的藻类以及岸边五彩斑斓的林木倒影，使湖水呈现出鹅黄、藏青、墨绿、宝蓝等各种颜色，彰显"九寨精华"。五彩池位于九寨沟 Y 形三条沟的则查洼沟南段，长海的北边，是九寨沟最小也是最艳丽的池子。五彩池池水四季不冻，水中生长着水绵、轮藻、小蕨等水生植物群落，还生长有芦苇、节节草、水灯芯等草本植物。这些植物所含叶绿素深浅不同，在富含碳酸钙质的湖水里，呈现出不同的颜色，使得五彩池上半部呈碧蓝色，下半部则呈橙红色，左边呈天蓝色，右边则呈橄榄绿色，五彩斑斓。五彩池池水清澈通透，透过水面，能清晰地看到池底岩石的纹路，在阳光的照耀下，闪耀着五彩的光芒。诺日朗瀑布海拔 2 365 米，瀑宽 320 米，高 24.5 米，是中国大型钙化瀑布之一，也是中国最宽的瀑布，呈多级下跌，宽达 140 米的水帘从两山间飞出，直泻百尺山崖，形成罕见的森林瀑布。秋季时，瀑布的 300 米飞流在秋色、云雾的衬托下，化成了一幕波澜壮阔的画面。

三、美国仙人掌国家公园

美国仙人掌国家公园位于美国亚利桑那州南部土桑市郊区，靠近墨西哥边境，面积 369.89 平方千米，主要为沙漠，其次为沙丘。园中有多达 1 000 多种来自世界各地不一的仙人掌，树形仙人掌形体巨大，平均高度约为 4～6 米，满山遍野地矗立着。这些仙人掌与其生长发育的沙漠一起形成仙人掌景观和沙漠风光（图 5-9、图 5-10、图 5-11）。

沙漠往往是荒凉的，一望无际，沙随风动，很难看到生命。然而，在美国仙人掌国家公园，仙人掌这一生命的形式，却以其旺盛的、强悍的生命力征服沙漠，颠覆沙漠荒凉的客观和实在。如果说 1 000 多个品种从整体上表现着仙人掌家族个个都是好样的话，那

图 5 - 9

图 5 - 10

图 5 - 11

么，株高 4～6 米的树形仙人掌却从特例上表现着仙人掌的生命力是十分旺盛、强悍的。基于此，美国仙人掌国家公园美的存在和表现就是：生命力是不可思议的。

值得鉴赏的还有仙人掌的千姿百态。1 000 多种品种各有特色不说，即使是同一种品种，也由于种种原因而造型各异，而那些巨型仙人掌则无不使这一千姿百态的仙人掌王国富有特色，其盛开的花朵则使这一王国富丽堂皇。这是大自然的造化，是沙漠与仙人掌的共鸣。

第六章　人文鉴赏

农业审美产品既包括农村地区的自然审美产品，也包括人文审美产品。

第一节　人文鉴赏的对象

人文是什么？人文应是人类作用和影响的东西。人类作用和影响的东西有许多。茅屋、瓦房、楼宇是人类建造的，汽车、火车、轮船是人类制造的，诗歌、散文、小说是人类创作的，电影、电视是人类拍摄的……可见，人文的东西是包罗万象的。

在乡村，村民们建造有吊脚楼、四合院、蒙古包，制造有牛车、独轮车、竹排，民间流传着口头文学、民间故事、民间谚语、民风民俗、民族歌舞、民间技艺等，都属于人文产品。

那么，什么又是人文审美产品？人文审美产品就是依附于吊脚楼、四合院、蒙古包、牛车、独轮车、竹排、口头文学、民间故事、民间谚语、民风民俗、民族歌舞、民间技艺等人文之上的农业审美产品。这些人文审美产品就是人文鉴赏的对象。

第二节　人文鉴赏的内容

在乡村，可鉴赏的人文内容也有许多，可作如下归纳：

一、民俗物质文化鉴赏

物质文化，指的是以物质的形式存在的文化。民俗物质文化，指的是乡村中以物质形式存在的传统文化。如寺庙、祠堂和民族服装等。民俗物质文化鉴赏，应鉴赏：

民俗物质文化的存在。大凡乡村都存在民俗物质文化，只是多少而已。不同乡村存在的民俗物质文化往往不同，数量不同，种类不同，厚薄不同。例如，有的乡村有寺庙，而没有祠堂；而有的乡村有祠堂，却没有寺庙。

民俗物质文化的美感。寺庙也好，祠堂也好，其他民俗物质文化也好，都具有一定的审美意义、文化意义，因此，可以从审美的角度加以欣赏。

二、民俗非物质文化鉴赏

非物质文化，指的则是以非物质的形式存在的文化。民俗非物质文化，指的则是乡村中以非物质形式存在的传统文化，例如民间故事和民族歌舞等。民俗非物质文化鉴赏，应鉴赏：

民俗非物质文化的存在。尽管乡村都存在民俗非物质文化，但是，不同乡村的存在形式是不同的。中原地区跳的是扭秧歌，一些地区跳的是"三月三"。

民俗非物质文化的审美。民俗非物质文化既具有文化意义，也具有审美意义，并往往通过文化的存在和表现来彰显美感。《黑暗传》的审美意义主要表现在用朗朗上口、鸿篇巨制的诗歌形式来反映汉族地区远古时期的发展历史；东巴文字则在用特有的文字形式来记录、反映纳西族地区的生产和生活。

三、古民居鉴赏

一般地，古民居指明清及其之前在乡村中建设的住房。这些住房无不遗存着这些时期的建筑风格，表现着当地的地理、经济、技术、生活和文化等，具有很高的鉴赏价值，如乔家大院。古民居鉴赏，主要应鉴赏：

古民居的存在。古民居只存在于当时文化底蕴比较深厚和经济比较发达的地区。文化底蕴比较深厚，意味着古民居的建筑风格比较有特色；经济比较发达，则意味着古民居的建筑具有经济支撑。位于山西晋中祁县乔家堡村的乔家大院就是由闻名海内外的商业资本家乔致庸及其子孙于清乾隆、同治、光绪年间和民国初年逐渐建造的。

古民居的文化。古民居是一种建筑，表现着当地的建筑风格和民俗文化。开平碉楼就是这样，其建筑风格就是中西合璧，反映当时当地华侨的生活和生产情境。

古民居的审美。古民居也存在和表现着美感。如果说开平碉楼的中西合璧是一种建筑风格的话，那么，其中西建筑的完美结合则是一种美的存在和表现。

四、名人遗迹鉴赏

古往今来，出过不少名人，这些名人有的出生于、生活于、活动于某些村庄，并留下相应的遗迹。中山市翠亨村就是一代伟人孙中山的故乡，孙中山不但出生于翠亨村，而且曾生活、活动于翠亨村。这些遗迹往往都有很高的历史价值、文化价值和鉴赏价值。名人遗迹鉴赏，主要应鉴赏：

名人遗迹的文化。名人遗迹的文化自然是名人文化，不同的名人遗迹所存在和表现的文化就不同。梁启超和梁思成是父子关系，也都是名人，但是，梁启超是政治人物，是康梁变法的主角之一；梁思成是科技人物，是人民英雄纪念碑的设计者之一。因此，梁启超故居存在和表现的文化是政治文化，梁思成故居存在和表现的文化则是科技文化。

名人遗迹的审美。名人遗迹往往既有文化，也有美感。翠亨村孙中山故居，美感表现在：一是孙中山亲自设计的；二是坐向为坐东向西，与全村其他房屋的坐向完全相反；三是采用西方的建筑风格。孙中山故居体现了孙中山的建筑理念、生活理念和生命价值，即不因循守旧，不随波逐流，敢于张扬个性，追求真理，追求西方建筑风格、生活情趣和政治文明。

五、重大历史事件遗址鉴赏

在乡村，既有名人留下生活和活动的遗迹，也有重大历史事件留下的遗址。这些遗址往往也都有很高的历史价值、文化价值和鉴赏价值。重大历史事件遗址鉴赏，应着重鉴赏：

重大历史事件遗址的文化。重大历史事件遗址淀积的文化是历史文化。延安地区乡村遗留下的重大历史事件遗址存在和表现着的文化自然是革命文化，是中国共产党领导中国人民开展抗日战争和解放战争，解放全中国的革命文化，而延安宝塔则是这一文化的集中存在和表现。

重大历史事件遗址的审美。重大历史事件遗址不但有文化意义，而且有审美意义，通过审美，实现文化品读。延安宝塔是一座建于唐代的古塔，高44米，共九层，为八角形砖塔，与一般的古塔相比，在形态特征、结构特征和建筑特征上都没有太大的区别。不过，延安宝塔是中国革命圣地延安的重要标志和象征，通过审美，可以品读出上面所提到的文化。

第三节　人文鉴赏的案例

用来作人文鉴赏案例的则是寺庙、《黑暗传》和古民居。

一、寺庙

寺庙，是宗教教徒礼拜、讲经的处所（图6-1）。

中国早期佛寺建筑大致沿袭印度形式，后因融入固有的民族风格而千姿百态。寺庙，依年号可分为北魏之景明寺、正始寺、唐之开元寺等；依创设者可分为官寺（由官府所建）、私寺（由私人营造）；依住寺者可分僧寺、尼寺；依宗派分为禅院（禅宗）、教院（天台、华严诸宗）、律院（律宗）或禅寺（禅宗）、讲寺（从事经

图 6-1

论研究之寺院）、教寺（从事世俗教化之寺院）等类。

寺庙文化完整地保存了我国各个朝代的历史文物，并渗透到人们生活的各个方面，如天文、地理、建筑、绘画、书法、雕刻、音乐、舞蹈、文物、庙会、民俗等。因此，寺庙堪称我国的艺术瑰宝库和悠久历史文化的象征。

中国最早的寺庙是白马寺，最有名的寺庙是白马寺、灵隐寺、少林寺、寒山寺，最早的清真寺是怀圣寺，汉地最早的佛寺是阿育王寺，民间第一寺是永宁寺，正史记载的最早寺庙是浮图祠，第一比丘尼寺是竹林寺，中国第一佛寺是灵岩寺，最古老的木结构高层楼阁是独乐寺，天下第一刹是少林寺，神州第一坛是戒台寺，第一座佛法僧俱全的寺庙是桑耶寺，佛、道、儒三教合一寺庙是悬空寺，中国佛教禅宗之源是华林寺，中国佛教净土宗发源地是东林寺，中国现存最古的佛塔是嵩岳寺，现存最大、最早的藏式佛塔是白塔寺，第一禅林、川西第一丛林是昭觉寺，藏传佛教最大的寺庙是哲蚌寺，东南佛国是天童寺，北方最大的佛教丛林是红螺寺，岭南禅林之冠是南华禅寺，中州一绝是水帘寺，云南规模最大的寺是华亭寺，云南藏传佛教寺庙之首是噶丹松赞林寺，贵州佛教的第一丛林是弘福寺，北京地区最早的寺庙是潭柘寺，北朝最初名胜，东土第一道场是宝相寺。

白马寺，位于河南洛阳市东郊，是佛教传入中国后由官方营造的第一座寺院，素称"中国第一古刹"，其营建与我国佛教史上著名的"永平求法"紧密相连，主要建筑有天王殿、大佛殿、大雄殿、接引殿、毗卢阁、齐云塔等。

灵隐寺，位于杭州，创建于东晋咸和元年（公元326年）。当时，印度僧人慧理来到杭州，看到这里山峰奇秀，认为是"仙灵所隐"，所以就在这里建寺，取名"灵隐"。清康熙南巡时，赐名灵隐寺为"云林禅寺"。全盛时期，有九楼、十八阁、七十二殿堂，三千余众僧徒。建筑中轴线上依次为天王殿、大雄宝殿、药师殿（图6-2）。

图6-2

少林寺，位于河南登封县城西北12千米的少室山麓五乳峰下，因寺院坐落在丛林茂密的少室山阴而得名，始建于北魏太和年间（495年）。32年后，印度名僧菩提达摩来到少林寺传授禅宗。达摩被称为中国佛教禅宗的初祖，少林寺被称为禅宗的祖庭。传说少林拳是达摩创造的。少林寺以其卓绝的少林武功名扬天下。少林寺保存有唐代以来的碑碣石刻共计300多块，其中的一块"太宗文皇帝御书碑"记载了少林寺十三僧人勇救唐王李世民的史迹，碑文为唐太宗亲笔书写。少林僧人练武、习拳的情景在寺内白衣殿的壁画之中均有描绘记载。

寒山寺，位于苏州，始建于公元502年的梁天监年间。到了200年后的唐代，相传唐时僧人寒山曾在该寺居住，故改名为"寒山寺"。自从唐代诗人张继题了《枫桥夜泊》一诗后，寒山寺便闻名了。寒山寺中的主要景点有大雄宝殿、藏经楼、钟楼、碑文《枫桥夜泊》、枫江第一楼（图6-3）。

图6-3

　　基于此，鉴赏寺庙，应鉴赏：一是寺庙的实在。即寺庙是宗教教徒礼拜、讲经的处所。二是寺庙的类型。包括依年号、创设者、住寺者、宗派和建筑风格而分的类型，前四种类型富有文化意义，后一种类型富有审美意义。三是寺庙的文化。既体现在历史上，也体现在领域上；历史是悠久的，领域是多个的。四是寺庙之最。五是著名寺庙。其情趣主要体现在年代、由来、事件、故事、文化和建筑。

二、黑暗传

　　《黑暗传》系汉族首部创世史诗，以民间歌谣唱本的形式表现，从明、清时代开始流传，由被誉为"中国的荷马"的神农架林区文化干部胡崇峻于1984年发现，由神农文化研究会主办、出版的《神农文荟》首次发表其述评本和整理本，由长江文艺出版社于2002年4月正式出版。作为远古文化"活化石"的《黑暗传》，对研究我国古代神话、历史、考古、文艺、宗教、民俗等都具有重要价值，2011年经国务院批准列入第三批国家级非物质文化遗产名录。（图6-4、图6-5）。

图 6－4

图 6－5

从某种意义上可以说，鉴赏《黑暗传》就是看书。如果说通过图6-4，可以看到《黑暗传》以书籍为载体的话，那么，通过图6-5，可以看到《黑暗传》以纸张为载体。

值得鉴赏的还有其文学价值。《黑暗传》以歌谣唱本的形式表现，由于流传年代悠久（有专家认为至少流传了两千年以上），在一代又一代民间艺人的传唱、修改、补充、完善下，不但朗朗上口，而且具有文学性、艺术性。有专家认为："《黑暗传》想出了好多好多世纪，好多好多远祖，关于这个远古的家谱，不只是让人看得眼花缭乱，它的无以羁绊的神奇的想象力，真是让人叹为观止，相信每个读到它的人，都会被那绚烂恣肆的景象所迷醉，所倾倒，其文采甚至丝毫不比屈原的《九歌》逊色。"

三、古民居

中国疆域辽阔，民族众多，加上各地的地理气候条件和生活方式不同，各地人居住的房屋的样式和风格也不尽相同（图6-6）。

图6-6

在中国的民居中，最有特点的是北京四合院、西北黄土高原的窑洞、安徽的古民居、闽南的古厝、广东等地的特色古民居何子渊故居（图6-7）等建筑。

四合院，分布于北京城大大小小的胡同中，由东、南、西、北四面房屋围合起来。大门一般开在东南角或西北角。院中的北房是

图 6 - 7

正房，正房建在砖石砌成的台基上，比其他房屋的规模大，是院主人的住室。院子的两边建有东西厢房，是晚辈们居住的地方。在正房和厢房之间建有走廊，可以供人行走和休息。四合院的围墙和临街的房屋一般不对外开窗，院中的环境封闭而幽静。简单的四合院只有一个院子，复杂的有两三个院子，富贵人家居住的往往由好几座四合院并列组成。其最大的特点是中轴对称，四周闭合，住房依辈分排列，充分地体现着皇权思想，以及父父子子的等级制度。

窑洞，是生活在黄土高原上的人们，利用那里又深又厚、立体性能极好的黄土层，建造的一种独特住宅。窑洞又分为土窑、石窑、砖窑等几种。土窑是靠着山坡挖成的黄土窑洞，这种窑洞冬暖夏凉，保温隔音效果最好。石窑和砖窑是先用石块或砖砌成拱形洞，然后在上面盖上厚厚的黄土，既坚固又美观。由于建造窑洞不需要钢材、水泥，所以造价比较低。其最大的特点是对自然的合理利用，无不体现着天人合一的自然生态观。

安徽的古民居，用砖木作建筑材料，周围建有高大的围墙。围墙内的房屋，一般是三开间或五开间的两层小楼。比较大的住宅有两个、三个或更多个庭院；院中有水池，堂前屋后种植着花草盆景，各处的梁柱和栏板上雕刻着精美的图案。皖南民居以黟县西递、宏村最具代表性，2000 年被列入"世界遗产名录"。宏村现保存完好的明清古民居 140 余幢。村内鳞次栉比的层楼叠院与旖旎的湖光山色交相辉映，动静相宜，处处是景，步步入画。西递现存明清古民居 124 幢，祠堂 3 幢。村内居民以民居、祠堂、牌坊"三绝"和木雕、石雕、砖雕"三雕"彰显着徽派民居的建筑风格。其特点：一是高墙深院，给家庭以归宿感；二是"四水归堂"，形象地反映徽商"肥水不流外人田"的心态；三是建筑艺术化。

　　闽南的古厝，系红砖建筑，多以三开间双落大厝为基本单元，罕见的还有五开间的大厝，规模大的院落还加护厝于左右。建筑大量使用红砖红瓦，广泛应用白色花岗岩做台基阶石，屋顶多为两端微翘的燕尾脊，壁、廊、脊等细部装饰十分精致，不仅外观独特，而且在装饰与色彩纹样等方面都与其他区域的建筑截然不同。闽南的古厝以见证"海上丝绸之路"的蚵壳厝和被称为闽南建筑大观园的蔡氏古民居为代表。其主要特点是吸取了中原文化、闽越文化和海洋文化的精华，成为闽南文化的重要载体（图 6-8）。

图 6-8

第七章　农舍鉴赏

农舍属人文的一部分，农舍审美产品自然也属人文审美产品的一部分。农舍具有特殊性、独立性和典型性，在此将其独立出来，专门加以鉴赏。

第一节　农舍鉴赏的对象

农舍是什么？农舍就是农民居住的房屋，就是农民在乡村中居住的房屋。

农舍建在乡村中，无不受到乡村地理、环境、经济、生活和习俗等因素的作用，从而具有地区的适应性、居住的实用性、文化的多元性和审美的价值性。苗族地区的吊脚楼，依山傍水而建，既不占用土地，又与山水有机地融合在一起；蒙古地区的蒙古包，折叠容易，移动方便，防风防沙，十分适合蒙古辽阔草原的游牧生活。

这些农舍不少都富有审美情趣，都是审美客体，都可成为审美对象。

第二节　农舍鉴赏的内容

一、造型鉴赏

农舍是有造型的实体，就存在造型鉴赏。

造型的存在。无疑，所有乡村都存在着农舍，所有农舍也都存在着造型。问题是存在着怎样的农舍，又存在着怎样的造型？这就是农舍造型的存在。

造型的科学。所谓造型的科学，就是农舍的建设是否根据当地的地理、环境、经济、生活和习俗等因素，以地区的适应性、居住的实用性、文化的多元性和审美的价值性为原则来进行，建成相应的造型。吊脚楼依山傍水、高低错落，适应了当地山多、水多、平地少的地形地势；蒙古包呈半球形、折叠容易、移动方便，适应了当地草原辽阔、常刮风沙和迁移生活。吊脚楼、蒙古包的造型都是科学的。

二、结构鉴赏

农舍既然是实物，有造型，就有结构，就存在结构鉴赏。

材料的结构。从某种意义上可以说，农舍是用各种建筑材料组合而成、并用来居住的物体，问题只是具体用什么建筑材料来建造，这就是农舍材料的结构。最有鉴赏价值的应是那些特殊的，特别是充分地利用当地特有的建筑材料来建造的农舍。广东省徐闻县角尾乡更是用一种特有的材料——珊瑚石——来建造农舍，既原生态，也十分美观。

空间的结构。即农舍各部分在空间上的组合。鉴赏焦点应是其功能与实用的统一、结构与审美的统一。哈尼族人的蘑菇房在空间结构上的最大特点是下层为牲畜房、上层为人居屋，实现和谐统一。

三、审美鉴赏

农舍有不少从造型上、结构上给人以美感，就存在审美鉴赏。

造型的审美。即农舍造型上的美感。一般来说，农舍造型上的美感主要体现于其外部各部分组合得是否恰到好处。

结构的审美。即农舍结构上的美感。农舍结构上的美感主要体现于空间的布局是否合理，即各层间的组合、墙、门、柱、窗的组合、各房间的组合、房间与阳台的组合、楼梯与其他设施的组合是否合理，合理的则就是美感好的农舍。

第三节　农舍鉴赏的案例

农舍鉴赏案例用的是吊脚楼、蒙古包和开平碉楼。

一、吊脚楼

吊脚楼，也叫"吊楼"、"吊脚子"，主要分布于广西、贵州、湖南和四川等西南地区，为苗族、壮族、布依族、侗族、水族、土家族等族的传统民居（图7-1）。

图7-1

吊脚楼依山傍水而建，或坐西向东，或坐东向西，呈虎坐形，"左青龙，右白虎，前朱雀，后玄武"。

吊脚楼为半干栏式建筑，大多两层，有的三层，除屋顶盖瓦以外，其他部分用杉木。正屋建在实地上，厢房除一边靠在实地和正房相连外，其余三边皆悬空，靠柱子支撑。两层的，上层通风、干燥、防潮，是居室；下层养牲口或用来堆放杂物。三层的，第三层作居室，或用来储粮和存物。房屋规模一般人家为一栋4排扇3间屋或6排扇5间屋，中等人家5柱2骑或5柱4骑，大户人家则7柱4骑，并配有四合天井大院。

吊脚楼主要有如下几种类型：①单吊式。其特点是正屋一边的厢房伸出悬空。②双吊式。其特点是正房两边的厢房伸出悬空。③四合水式。其特点是正屋两边厢房吊脚楼部分的上部连成一体，形成一个四合院。④二屋吊式。其特点是在吊脚楼上再加一层。⑤平地起吊式。其特点是在平地上建吊脚楼，厢房支撑木柱所落地面与正屋地面齐平，厢房高于正屋。

不同民族吊脚楼不同。苗族吊脚楼属干栏式建筑，具体属于歇山式穿斗挑梁木架干栏式楼房；侗族吊脚楼多为外廊式二三层小楼房；土家族吊脚楼一般为横排4扇3间，3柱6骑或5柱6骑，分半截吊、半边吊、双手推车两翼吊、吊钥匙头、曲尺吊、临水吊、跨峡过洞吊；瑶族吊脚楼则为"千脚落地"的木楼（图7-2、图7-3、图7-4）。

图7-2

鉴赏吊脚楼，看到的坐向是：虎坐形。看到的造型是：依山傍水；"吊脚"；高低错落。看到的材料是：木料，瓦顶。看到的结构是：半干栏式结构。看到的类型是：单吊式，双吊式，四合水式，

图 7 - 3

图 7 - 4

二屋吊式,平地起吊式。看到的实物是:千姿百态,因地形地势而异,因经济收入而异,因文化差异而异。品到的文化是:天人合一。

二、蒙古包

蒙古包,古时称作"穹庐"、"毡包"、"毡帐"或"毡房",出现于匈奴时代,一直沿用至今,是蒙古族牧民居住的一种房子,哈萨克、塔吉克等族牧民游牧时也居住,适于牧业生产和游牧生活

（图 7-5）。

图 7-5

　　蒙古包主要由架木、苫毡、绳带三大部分组成。架木包括套瑙、乌尼、哈那、门槛。套瑙分联结式和插椽式两种，一般用檀木或榆木制作。乌尼是蒙古包的肩，一般用松木或红柳木制作，长短、粗细、木质一致，椭圆或圆形，上联套瑙，下接哈那。哈那是蒙古包的围栏支撑，一般用红柳木制作，粗细一样，高矮相等，网眼一致，承套瑙、乌尼，通常分为 4 个、6 个、8 个、10个和 12 个，个数愈多，蒙古包愈大，12 个的面积可达 600 多平方米。架木形成框架后，用两至三层羊毛毡围裹哈那，之后用马鬃或驼毛拧成的绳子捆绑而成，其顶部盖有"布乐斯"，呈天幕状，其圆形尖顶开有天窗"陶脑"，上面盖着四方块的羊毛毡"乌日何"。总的来说，蒙古包外观呈圆形，顶为圆锥形，围墙为圆柱形。

　　蒙古包制作简便、移动方便、防风抗沙、保暖御寒、拆装容易，十分适合游牧民族的生产、生活方式。

　　走进蒙古包，可看到其架构，看到套瑙、乌尼、哈那和门槛的材料、质地、尺寸、造型及其组合；可看到其布置，分成三个圆圈的空间和八个座次的摆设，居于座位正中的香火，西北放置的佛桌、佛像和佛龛，西半边放置的男人用品，东半边放置的女人用品，以及马鞍具、被桌、食物、奶食和奶缸、水桶等；可看到室内设施的美丽，地面铺满纳绣的毡子，从佛龛到被桌、箱子、竖柜、碗架无不彩绘刀马人物、翎毛花卉、山狍野鹿之类，色彩鲜艳，栩栩如生。

居住蒙古包中，可体验生活用具的使用，体验香火的燃烧、佛像的祭拜，体验马鞍具、被桌的使用，体验其他生活用具的运用；可体验一日三餐，体验食物的制作；当然，若碰到游牧迁徙，还可体验蒙古包的拆卸、装载、搬迁和搭盖，体验拆卸的容易、装载的方便、搬迁的轻便和搭盖的迅速。

站在蒙古包旁，走进蒙古包里，居住蒙古包中，还可品读蒙古文化。它以辽阔的草原为载体，以纵马征战和自由放牧为舞台，以蒙古包为集中表现，而蒙古包中的点滴则使这一文化得以具体阐释。置于座位正中的香火，也就是灶火，其火焰是神圣的，表现着蒙古民族的火崇拜，是家庭与部落生活的中心；而火撑和锅灶安放端正，或向西偏斜，但决不向东南偏斜，则是为了防止福气冲门（东南）跑掉；如此等等。

三、开平雕楼

开平碉楼，位于广东省江门市开平市境内，是中国乡土建筑的一个特殊类型，是集防卫、居住和中西建筑艺术于一体的多层塔楼式建筑，其特色是中西合璧的民居，有古希腊、古罗马及伊斯兰等风格多种。2001 年 6 月 25 日，被国务院批准列入第五批全国重点文物保护单位名单。2007 年 6 月 28 日，开平碉楼与古村落正式列入《世界遗产名录》。其典型楼群有雁平楼、开平立园、方氏灯楼、马降龙碉楼群、锦江里瑞石楼等。

瑞石楼，号称"开平第一楼"，是开平碉楼的代表，坐落在开平市蚬冈镇锦江里村。于 1923 年兴建，历时 3 年，于 1925 年落成。瑞石楼的始建人为黄璧秀，号瑞石，其楼即以其号取名。楼高 9 层，占地 92 平方米，钢筋混凝土结构，坚固可守，居高临下，配备探灯，成为该村的保护神。楼首层至五层楼体每层都有不同的线脚和柱饰，增加建筑立面；各层的窗裙、窗楣和窗花的造型和构图各有不同，显得灵活多变；五层顶部的仿罗马拱券和四角别致的托柱有别于其他碉楼中常见的卷草托脚，循序渐进，向上自然过渡，很有美学上的祠堂效果；六层有爱奥尼克风格的列柱与拱券组成的柱廊；七层是平台，四角建有穹隆顶的角亭，南北两面可见到巴洛克风格的山花图案；八层平台中，有一座西式的塔亭；九层是小凉亭，呈穹隆顶（图7-6）。

图7-6

　　显然，鉴赏开平碉楼，也可像鉴赏蒙古包一样，站在开平碉楼旁，走进开平碉楼里，居住开平碉楼中。最值得着墨的是开平碉楼文化品读。开平碉楼文化的最大特点，在于通过建筑这一凝固的音乐，将中西文化有机地融合在一起，形成独一无二的中国乡村建筑风格。鉴赏瑞石楼，可看到古希腊、古罗马及伊斯兰等多种多样的建筑风格，看到仿罗马的拱券、爱奥尼克风格的列柱、巴洛克风格的山花图案。特别是：顶部三层的亭阁，凸现着西方建筑独特的风格，尤以四周用承重墙接托的罗马穹隆顶和以支柱支撑的拜占庭穹隆顶造型最为显著，给人以异于常态的美感。

第八章　村庄鉴赏

大凡乡村都包括田园、村庄和自然三大部分，而农业审美产品也包括乡村地区中的村庄审美产品在内，因此，农业鉴赏包括村庄鉴赏。

第一节　村庄鉴赏的对象

什么是村庄？村庄是人类在乡村中的聚集群落。它具有如下几个特点：一是人类的聚集群落，人类通过建房造宅聚集在一起，互相依存，共同生活；二是处于乡村中；三是规模较小，相对于城市来说，村庄规模小，尽管也有上千人、甚至上万人的，但更多的却是几百人，小的仅几十人；而城市往往是上十万人、几十万人；四是以农业为依托。居住于村庄的农民尽管也有外出打工的，也有在乡村中从事商贸、建筑等行业的，但更主要的是以周边的田园为空间，以农业、林业、畜牧业、水产业和加工业为生。

大凡村庄都由房屋、道路、树木和周围环境等要素构成。这些要素既各自成型，也互相组合。作为村庄，其美自然主要表现在组合的群体中。

村庄所处的环境不同，地形地势不同，房屋、道路和树木等构成要素也不同，人文文化同样不同，从而使村庄各具特色，形成丰富多彩的村庄审美产品。

第二节　村庄鉴赏的内容

村庄虽然很小，但每一条村庄都是一个小社会，因此，可鉴赏的内容很多。不过，却可做如下归纳：

一、坐落鉴赏

村庄的形态。即村庄的表观状态，是依山傍水，或是平平坦坦，还是错落田园之中。一般来说，背山依水，左高右低，呈马蹄形的村庄为比较理想的村庄形态。在这样的村庄生活，有一种生活在园林般的感觉。

村庄的景致。所谓村庄的景致，就是村庄中房屋、道路、树木和周围环境等构成要素的个体造型和群体组合的外在表现。当个体造型美丽和群体组合合理的时候，村庄便表现出美丽。如果说个体造型在村庄景致中起着点缀作用的话，那么，群体组合则起着整体美感的效果。

二、农舍鉴赏

农舍是村庄的主要设施，也是村庄的主要标志。不过，关于农舍鉴赏，在第七章中已做专门论述，在此不再重复。在此要研究的是村庄视角下的农舍。

农舍在村庄中的构成。农舍是村庄的主要构成要素。不过，在鉴赏中，值得鉴赏的并不是有没有农舍或有多少农舍，而是农舍在村庄这一空间中所占有的份额。就拿广东省恩平市的举人村和开平市的自力村来说，举人村农舍占有的份额相对较大，自力村则相对较小。农舍占有空间较大的意味着水域、道路、树木等其他要素占有空间较小，可以说，是房屋型的。

农舍在村庄间的融合。融合应包含两层意思：一层是，农舍的存在和发展不影响其他要素的存在和发展。例如，农舍建设不占用道路，不影响交通，不弄污水域，不影响池塘的利用；另一层是，农舍与其他要素构成和谐的统一体。例如，农舍与水域、道路、树木等其他要素在组合上合理，符合美学规律，给人以空间上的和谐感。

三、树木鉴赏

大凡村庄也都有树木，值得进行树木鉴赏。树木鉴赏，则应着重鉴赏：

树木的类型。即所鉴赏的树木是什么品种？客观地说，在村庄中可鉴赏到很多品种的树木，特别是乔、灌类的果树，在热带地区可鉴赏到荔枝、龙眼、木菠萝、皮果、杨桃等热带果树。这些树木不但以其典型性表现着类型，而且以其典型性彰显着审美情趣。

树木的文化。在村庄中，那些古树名木往往被赋予一定的文化内涵，有的被视为"风水树"。在热带地区，这些古树名木往往是榕树、酸豆树、樟树、毛柃树等。在村庄，往往会看到村民对这些被赋予了文化内涵的古树名木进行朝拜，以寄托某种心愿。例如，毛柃树，人们往往赋予的文化内涵是：吃毛柃，心不变。

树木的审美。大凡树木都有造型，嫁接荔枝的树冠修剪成半球形，尽管其主观目的是为了叶、花、果分布均匀，受温、光、水、气、热作用均匀，从而有利于挂果，实现丰产丰收，但是，其客观上会给人以美感，因为半圆是圆的一半，而圆是最美的图形。

四、设施鉴赏

在村庄，往往还建有一些生活、文化所需的设施，如祠堂、土地庙、篮球场、文化楼等。因此，就存在设施鉴赏，设施鉴赏，应鉴赏如下：

设施的类型。在村庄，设施可分为生活设施和文化设施两大类，生活设施如水塔、水井、手摇井等，文化设施如祠堂、土地庙、篮球场、文化楼等。通过这些设施，不但可看到设施的多样性，而且可看到生活、文化的多样性。

设施的造型。大凡设施都有造型，不同种设施的造型往往不同，但同种设施的造型也有不同的。水井的井口多为方形，也有圆形、六角形、八角形的。如果说造型的存在和表现会给人以感性认识，造型的选择和必然会给人以理性认识的话，那么，造型的不同和多样则会给人以审美情趣。

设施的文化。大凡设施同样也都有文化。因为大凡设施在制造的过程中无不有意无意地打上当地当时的文化烙印。设施愈古老，文化愈深厚；设施愈特殊，文化愈特别。如果说祠堂、土地庙体现的是传统文化的话，那么，篮球场、文化楼体现的则是现代文化。

设施的审美。美是到处存在的，而有意识的行为则往往使事物显得更美。在村庄中，不少设施是充满美感的。那些方形、圆形、六角形、八角形的水井，其井口往往用石条来构筑，这些石条有的不但长短一致、粗细一致，而且接缝细密，有的甚至在石条上雕刻有各种精美的图案，俨然就是工艺品。

第三节　村庄鉴赏的案例

在此，用存在和表现着传统文化的歇马村、现代文化的华西村和中西文化的自力村作为村庄鉴赏的案例。

一、歇马村

歇马村，又名歇马举人村，元朝至正年间立村，隶属广东省江门市恩平市圣堂镇，位于锦江河畔，其风景区由港商冯永维投资。全村 215 户、655 人。是"中国历史文化名村""全国文明村""全国特色景观旅游名村""全国绿色小康村""广东省生态示范村""广东省最美丽乡村示范区"（图 8-1、图 8-2、图 8-3、图 8-4）。

图 8 - 1

图 8 - 2

图 8 - 3

图 8 - 4

　　据考证，明、清两朝，歇马村学子考取功名或有官职的有 670 多人，从九品至正二品的官员有 430 多人，其中获举人以上功名的有 285 人，当上二品官员的有 5 人，故被称为"举人村"。在近代和现代，大有名气的人也不少。在村中，尚存的 7 间祠堂、200 多块举人石碑、清朝皇帝的圣旨石碑、八大旗杆夹及 13 条"男人巷"（大巷）和"女人巷"（小巷）等文物、古迹，记载了"举人村"的辉煌。

　　在明、清两朝中，歇马村的达官显宦最突出的是梁元桂。他于清道光二十六年（公元 1846 年）中举人，咸丰二年（公元 1852 年）恩科进士，钦点户部即用主事，历任福建延平、福宁、邵武等知府，还任台澎兵备道兼学督提政。其家族自其祖父梁君杖以下四代 107 名男丁中，共有 81 人获得功名，其中任职朝廷的 51 人，有 4 位是二品大员。

　　在近、现代史上，歇马村的杰出代表是美国空军准将梁汉一。抗日战争时期，他曾任美国援华"飞虎队"成员；新中国成立后，他是前美国总统尼克松首次访华的"空军一号"机长、驾驶员；他两次受到毛泽东主席接见。

　　值得称奇的是，歇马村呈"马形"，并且有"马头""马腰"和"马尾"。"马头"的巷道排水渠全是明渠，被称为"马骨"；"马尾"则全是暗渠，被称为"马肚膜骨"，而暗渠的下水道井盖，全部铸成金钱形状，村前的水塘就被喻为"马肚"；"马尾"处的两块大石，象征马的生殖器。

走进歇马村，随着双脚的行走和驻足，展现在眼前的自然是传统文化、历史文化、举人文化。如果说八大旗杆夹是举人文化的标志的话，那么，祠堂、举人石碑和圣旨碑等则是举人文化不同侧面的展现。

传统文化也好，历史文化也好，举人文化也好，在歇马村还融入到自然之中，在自然和人为的互动中形成歇马村独特的传统文化、历史文化、举人文化。如果说歇马村的"马形""马头""马腰""马尾"和"马肚"是大自然造化的结果的话，那么，"马肚膜骨"和金钱形状的井盖则是文化驱动下的人为行为。又如果说传统文化、历史文化、举人文化的先进性促使了歇马村举人层出无穷的话，那么，落后性则使"男尊女婢"和"男女授受不亲"这一文化诠释于"男人巷"和"女人巷"之中。

二、华西村

华西村，位于江苏省江阴市华士镇，建于 1961 年。从 2001 年开始，华西通过"一分五统"的方式，帮带周边 20 个村共同发展，建成了一个面积 35 平方千米、人口达 3.5 万人的大华西，组成了一个"有青山、有湖面、有高速公路，有航道、有隧道、有直升机场"的美丽乡村。旗下华西集团 1996 年被农业部评定为"全国大型一档乡镇企业"，华西获得了"全国文明村镇""全国文化典范村示范点""全国乡镇企业思想政治工作先进单位""全国乡镇企业先进企业"等荣誉称号，并誉为"天下第一村"（图 8-5、图 8-6、图 8-7、图 8-8）。

华西村有名的景点有 80 多处。华西金塔是它的标志性建筑，七级十七层，高 98 米。

村头粉墙照壁，后为广场。广场上数十旗杆，飘扬着各种图案的彩旗，这是华西实业公司所属工业的标志，显示出它的经济实力，产值数十亿元，产品远销国外。西侧为出入华西村主道，千米

图 8-5

图 8-6

大道，华西双桥，以及微缩建成的"南京长江大桥、武汉长江大桥、江阴长江大桥"，宛若巨龙，名"龙廊"。内设商业楼廊，有商场、剧院、会场、餐厅。大会堂富丽堂皇，不时向游人介绍华西情况；大餐厅可容千人同时用餐，村头村尾，有万米长廊贯通。

农村住宅是一色马赛克装饰的多层别墅楼。每个家庭都拥有三间三层别墅楼，水电气俱全。内有客厅、卧室、餐室、浴室、车库、庭院。30％农户拥有轿车。宅区绿草成茵，花木似锦。游人可随导游进入农家作客。南苑宾馆，如农家庄院，粉墙、青瓦、小桥、绿树，都有长廊贯通，一派乡土气息。

农民公园内有"鹊桥相会、三顾茅庐、桃园结义、刘备点将、十二生肖"等塑像景点。鹊桥周围有五条牛，池中浮鳄鱼，以示居安思

图 8-7

危。砖窑洞，是华西村过去的烧窑制砖处，窑中置圆形会议室。壁画有"毛主席住窑洞""薛平贵回窑"等，这是村干部的会议室，以示富了不忘过去。公园围绕"龙啸池"，建有"花甲亭、古稀亭、喜耋亭、庆耄亭、期颐亭"。华西人年届八十寿，即在"喜耋亭"设宴庆祝。到"期颐亭"便戛然而止，必须从原路返回，寓意"返老还童"。

此外，大型建筑有高达 328 米的黄金酒店——龙希国际大酒店。黄金酒店是中国国内最大的单体酒店之一，顶部的 61 层有空中花园、空中游泳池；酒店二楼设有 2 000 平方米的购物区。

在华西村，招待客人的往往是传统的馄饨、团子、方糕、粽子和土婆鱼炖蛋、韭菜炒螺蛳肉等；存在和表现的艺术仍然是传统艺术，主要由被称为"中国农村第一团"的华西特色艺术团来承担，其融京、越、沪剧、黄梅戏和曲艺、歌舞、杂技等为一体，自编、自导、自演一大批群众喜闻乐见、感染力强、教育效果好的节目。

图 8-8

　　走进华西村，随着双脚的行走和驻足，展现在眼前的则是现代文化。在华西，尽管农村住宅仍充满乡土气息，农民公园仍浓缩传统文化，客人食品仍存在风俗小食，艺术团队仍表演民间艺术，但是，主要彰显的则是现代文化。村头的粉墙照壁、广场，进村的千米大道、华西双桥，富丽堂皇的大会堂，可容千人的大餐厅，配套齐全的商业楼廊，贯通村中的万米长廊，无不气派、现代；而七级十七层、高 98 米的华西金塔，74 层、高 328 米、顶部 61 层有空中花鸟园、空中游泳池和二楼设有 2 000 平方米的购物区的黄金酒店，则引领时尚；即使是一派乡土气息的农村宅，也是一色马赛克装饰的多层别墅，配套水电气，设置客厅、卧室、餐厅、浴室、车库、庭院，宅区绿草成茵，花木似锦。

　　华西是现代的，不但体现在设计上、建筑上、文化上，而且体现在鉴赏上。鉴赏华西，可地上，靠双脚；也可空中，靠飞机。2010年夏，华西花费9 000万元，向美国麦通公司、法国欧直公司分别购买了型号为MP902和AS350B3的两架直升机，推出"空中看华西"活动，发展空中旅游。飞机航线主要位于华西村上空，以机场为中心，半径为4千米，飞行高度在300米以下，飞行一圈约15分钟，每次搭载乘客2～4名，每天飞行2～3小时。显然，"空中华西"具有一览性、立体性、画卷性，与"地上华西"结合起来，华西之美丽、之现代、之先进、之发展才能真正尽收眼中、尽留脑中、尽悦心中、尽显颜中。

三、自力村

自力村，位于广东省开平市塘口镇，隶属于塘口镇强亚村委会，由安和里（俗称犁头咀）、合安里（俗称新村）和永安里（俗称黄泥岭）三个方姓自然村组成。清道光十七年（1837年）犁头咀首先立村。全村农户63户，村民175人，侨胞248人（图8-9、图8-10、图8-11、图8-12）。

图8-9

图 8 - 10

图 8 - 11

图 8 - 12

自力村以碉楼群著称于世。村庄自然环境优美，水塘、荷塘、稻田、草地散落其间，与众多的碉楼、居庐相映成趣，美不胜收。2001 年 6 月被国务院列为"全国重点文物保护单位"；2005 年 7 月被评为"广东最美的地方、最美的民居"；2005 年 11 月被评为"全国历史文化名村"；2006 年 4 月荣获"中国最值得外国人去的 50 个地方"金奖；2007 年 6 月 28 日被第 31 届世界遗产大会列入"世界遗产名录"。

自力村的碉楼和居庐一般以始建人的名字或其意愿而命名。碉楼的楼身高大，多为四五层，其中标准层二至三层。墙体的结构，有钢筋混凝土的，也有混凝土包青砖的，门、窗皆为较厚铁板所造。建筑材料除青砖是楼冈产的外，铁枝、铁板、水泥等均是从外国进口的。碉楼的上部结构有四面悬挑、四角悬挑、正面悬挑、后面悬挑。建筑风格方面，很多带有外国的建筑特色，有柱廊式、平台式、城堡式，也有混合式。为了防御土匪劫掠，碉楼一般都设有枪眼。

自力村现存 15 座碉楼，依建筑年代先后为：龙胜楼（1917年）、养闲别墅（1919 年）、球安居庐（1920 年）、云幻楼（1921年）、居安楼（1922 年）、耀光别墅（1923 年）、竹林楼（1924年）、振安楼（1924 年）、铭石楼（1925 年）、安庐（1926 年）、逸农楼（1929 年）、叶生居庐（1930 年）、官生居庐（1934 年）、澜生居庐（1935 年）、湛庐（1948 年）。最精美的碉楼是铭石楼，高 6 层，首层为厅房，2～4 层为居室，第 5 层为祭祖场所和柱廊、四角悬挑塔楼，第 6 层平台正中有一中西合璧的六角形瞭望亭。这些碉楼风格各异、造型精美、内涵丰富，将中国传统乡村建筑文化与西方建筑文化巧妙地融合在一起，体现了近代中西文化在中国乡村的广泛交流，成为中国华侨文化的纪念碑和独特的世界建筑艺术景观。

走进自力村，展现在眼前的是田园风光。在那里，在优美的自然环境中，散落着水塘、荷塘、稻田、草地，更有一座座碉楼、居庐点缀其间，相辅相成，构成美轮美奂的田园风光。

　　走进自力村，展现在眼前的是中西文化。15座风格各异、造型精美、内涵丰富的碉楼，将中国传统乡村建筑文化与西方建筑文化巧妙地融合在一起。如果说厚实坚固的混凝土外墙，钢板沉重的大门，又小又有铁栅的窗户，体现的是中国传统乡村建筑文化的话；那么，四面悬挑、四角悬挑、正面悬挑、后面悬挑的上部结构，柱廊式、平台式、城堡式、混合式的建筑特色，体现的则是西方建筑文化。如果说那一座座的碉楼及其四周的水塘、荷塘、稻田、草地都是一个音符的话，那么，穿行其间的道路联结起来的就是一部中西乐器合奏的田园交响乐曲。

第九章　农业劳动工具鉴赏

从农业审美产品的概念出发，农业审美产品包括农业劳动工具审美产品，即农业鉴赏包括农业劳动工具鉴赏。

第一节　农业劳动工具鉴赏的对象

什么是农业劳动工具？笔者认为，农业劳动工具就是作为人类手脚的延伸，作用农业劳动对象，生产农业劳动产品的物体。锄头，用来锄地，将田园表土锄松，以种植农作物，是农业劳动工具；手扶机，用来运载农用物资或农产品，也是农业劳动工具；机井，用来抽水，灌溉农作物，同样是农业劳动工具。

这些农业劳动工具不少造型、外观都是美观的，或者可以说，都依附着农业劳动工具审美产品。如果说锄柄粗糙的锄头是不够美的话，那么，锄柄光滑的锄头就是美的了，就是依附着锄头审美产品的了。

第二节　农业劳动工具鉴赏的内容

自从新石器诞生以来，人类制造了不少农业劳动工具，即使仅从工具的复杂程度来分类，就可分为简单工具、半机械工具、机械工具和智能工具。尽管这样，从鉴赏的角度来说，却可作如下归纳：

一、造型鉴赏

大凡农业劳动工具都有造型，锄头是直的，镰刀是弯的，因此，就存在造型鉴赏。

二、结构鉴赏

大凡农业劳动工具都由若干部分组成，复杂的电脑等智能工具就不用说了，即使既传统、又简单的锄头也由锄柄和锄刀两部分组成，因此，就存在结构鉴赏。

三、材料鉴赏

大凡农业劳动工具都用相应的材料来制作，有木料的、竹料的、塑料的、铁料的、钢料的……因此，就存在材料鉴赏。材料鉴赏，应着重鉴赏材料的类型，材料的质地和材料的合理性。

四、功能鉴赏

农业劳动工具是作为人类手脚延伸，作用农业劳动对象，生产农业劳动产品的物体。因此，大凡农业劳动工具都具有功能，值得进行功能鉴赏。功能鉴赏，则应着重鉴赏功能的类型，功能的变化和功能的表现。

五、效能鉴赏

大凡具备功能的东西都具备效能；功能无大小之分，效能却有大小之分。因此，就存在效能鉴赏。效能鉴赏，主要应鉴赏效能的存在，效能的利用和效能的比较。

六、文化鉴赏

任何事物的形成和发展都会淀积、形成相应的文化，农业劳动工具也不例外。因此，就存在文化鉴赏。文化鉴赏，主要则应鉴赏文化的表现，文化的符号和文化的发展。

七、组合鉴赏

农业劳动工具往往是可以移动、走动的，移动的如锄头、镰刀等，走动的如牛车、手扶机等，当然，最易于移动的是那些体积小、重量轻的，锄头、镰刀等就是这样。这样，农业劳动工具就可以排放在一起，形成相应的组合。其实，即使是不能移动或走动的农业劳动工具，由于种种原因，有的也排放在一起，如机井、水池、管道和电网就往往组合在同一块田园。因此，就存在组合鉴赏。组合鉴赏，应鉴赏组合的工具，组合的场地，组合的方式和组合的主题。

第三节 农业劳动工具鉴赏的视角

农业劳动工具是客观实在，可以成为审美对象，也可以从不同视角加以鉴赏，从而获取丰富而不同的审美情趣。

一、视觉下的农业劳动工具

农业劳动工具审美产品是一种审美产品，是一种审美客体，是一种审美对象，完全可以通过视觉来鉴赏。这样，就存在视觉下的农业劳动工具。

视觉下的农业劳动工具，是审美客体的农业劳动工具。在视觉的作用下，农业劳动工具首先是一种审美客体，作为审美客体，农业劳动工具总是以相应的造型、结构、材料、功能、效能、文化和组合存在和表现着。

视觉下的农业劳动工具，是审美对象的农业劳动工具。在审美鉴赏力的作用下，通过视觉，农业劳动工具所存在的美就会被"发现"，就会表现出来，就会成为审美对象。

视觉下的农业劳动工具，是审美情趣的农业劳动工具。在审美鉴赏力的作用下，通过视觉，不但会"发现"农业劳动工具所存在的美，而且通过鉴赏、特别是品读，读出文化，获取情趣，愉悦心理，满足需求。

二、使用中的农业劳动工具

农业劳动工具是用来作用农业劳动对象的，锄头是用来锄地的，镰刀是用来割稻的，扁担是用来挑水的。这样，就存在使用中的农业劳动工具，可以从使用中的视角鉴赏农业劳动工具。

使用中的农业劳动工具，是更强调工具性的农业劳动工具。作为农业劳动工具鉴赏，在使用中，往往更强调的是其工具性，即其作为工具的完整性、功能性和实用性；而作为人文鉴赏，在工具的使用中，往往更强调的是其文化性，即其文化内涵的具备、深厚和表现。

三、技艺上的农业劳动工具

在生态文明村，在农业旅游区，我们常常会看到，将锄头、镰刀、石磨或其模仿物做成艺术品，极具艺术性、审美性。这样，就存在技艺上的农业劳动工具，可以从技艺上的视角鉴赏农业劳动工具。

第四节　农业劳动工具鉴赏的案例

如果说石锄可代表原始农业劳动工具的话，那么，铁锄就可代表传统农业劳动工具，耕耘机则可代表现代农业劳动工具。在此将它们作为农业劳动工具鉴赏的案例。

一、石锄

石锄，是远古时代一种横斫式的石质翻土工具。形式多样，一般比石斧扁、薄，比石铲稍厚。早期石锄多尖刃；后期多宽刃，锄体也较短（图 9-1、图 9-2）。

石器是最早的劳动工具，是原始社会人类的劳动工具，成熟于新石器时代。石锄只是石器中的一种。

图 9-1

图 9-2

鉴赏石锄，最有鉴赏意义的自然是石锄所蕴含的文化。众所周知，石锄所蕴含的文化就是石器文化、远古文化、原始文化。从这一点出发，石锄生产的时代愈久远其所蕴含的文化就愈深厚，而与其作为工具的完整性和功效性关系不大。

鉴赏石锄，应鉴赏的是石锄的功能。相对铁锄来说，石锄既笨重，又不锋利、不够坚硬，但是，却的的确确具备锄头的功能，可用来收获、挖穴、耕垦、盖土、除草、碎土、中耕、培土等。

鉴赏石锄，应鉴赏的则是石锄的原理。石锄功能的利用和发挥，其收获、挖穴、耕垦、盖土、除草、碎土、中耕、培土等，主要是运用了杠杆原理，使力的作用得以增强和发挥。无疑，这一原理的运用是成功的，锄刀和锄柄的组合是成功的。事实上，这一原理的运用后来延续到铁锄、犁耙、耕耘机上，石锄是铁锄、犁耙、耕耘机的源泉，铁锄、犁耙、耕耘机是石锄的进步。

鉴赏石脚，应鉴赏的是石锄的使用。显然，石锄对现代人来说已失去实用意义，但是，其使用对现代人来说却有难得的体验意义。体验什么？就是体验原始人类的锄头使用、工具使用，体验原始人类的劳动、农业劳动。

二、铁锄

铁锄，是一种长柄农具，其刀身平薄而横装。其特点是锄刀，也叫锄刃，用铁材制作；锄柄，用木材来制作，或用铁材来制作，一般长 80～160 厘米。

铁锄是石锄的发展，是石锄锄刀的铁质化。因此，铁锄的功能与石锄的基本相同。1950 年，河南辉县固围村出土了战国生产的铁锄，长 10 厘米，宽 10.5 厘米，厚 2 厘米。此锄头现藏于中国历史博物馆（图 9-3）。

图 9-3

图 9-4

铁锄依地方土质而制作，从而形成构造、形状、重量等方面不同的各种锄头。不过，却可归纳为如下三类：①板锄。宽 20～30 厘米左右，主要用于大面积的浅度挖掘，如土地的松土翻种（图 9-4）。②薅锄。刀身宽大而锋利，有的略有弧度，呈月牙形，有的没有弧度，刃口平直。较板锄略轻、略薄，有铁柄，用于与长木柄衔接。主要用于地表的铲掘工作。如铲除地面的杂草等（图9-5）。③条锄。刀身窄小，用于小面积的深度挖掘，常用于土质坚固的地方，也常用来挖掘埋藏在土壤里的块茎植物，如木薯、马铃薯、甘薯、山药、芋头等（图9-6）。

图9-5

图9-6

鉴赏铁锄，最基本的自然是铁锄的结构、功能和原理。不过，就此来说，与石锄是基本相同的。

鉴赏铁锄，当然要鉴赏铁锄的材料。与石锄相比，铁锄的最大特点或根本区别就是锄刀用铁料来制作。至于锄柄，既有用铁料的，也有用木料的。用木料的其审美意义在于其材质，材质好的既坚硬又光亮，既美观又适手，如樟木；材质差的既不坚硬又不光亮，既不美观又不适手，如苦楝木。

鉴赏铁锄，也要鉴赏铁锄的类型。铁锄可分为板锄、薅锄和条锄。这三类铁锄不但形态不同，而且用途也不同，完全是根据劳动的对象来制作。

鉴赏铁锄，还要鉴赏铁锄的效能，效能其实就是作业能力。与石锄之比较。无疑，铁锄比石锄快而好。

三、耕耘机

耕耘机，也叫微型耕耘机、微耕机、管理机等，主要用于水、旱田整地、栽植、开沟、起垄、中耕锄草、施肥培土和喷药等耕耘作业（图9-7、图9-8、图9-9、图9-10、图9-11）。

图9-7

国内小型多功能微耕机多采用2.20~5.88千瓦柴油机或汽油机作为配套动力，采用独立的传动系统和行走系统，一台主机可配

图 9-8

图 9-9

图 9-10

图 9 - 11

套多种农机具。旋耕部件是微耕机最常用的耕作部件，发动机动力经传动装置带动旋耕刀轴旋转；旋耕刀轴水平布置，刀轴圆周排列有若干旋耕刀片，刀轴传动有中间传动和侧边传动两种形式。由动力驱动的旋耕刀片，连续不断地切削土壤，并将切下的土块向后抛掷与挡泥罩板及平土托板相撞击，使土壤进一步破碎后再落到地面，达到切土、抛土、碎土及平地的目的，并由切削过程中的土壤反力推动微耕机前进。

　　按照功率的大小，微耕机分为小型、中型、大型 3 类。小型微耕机主机功率在 4.5 千瓦以下，质量轻、尺寸小、操作方便，不仅可用于蔬菜大棚、低矮果树林、作物行间的中耕除草、培土施肥和喷洒液体，而且可用于薯类、土豆、生姜、大葱等低矮作物的开沟、做埂、种植作业；中型微耕机主机功率在 4.5～6.0 千瓦，可变速、可转向、易掌握，一般应用于较大面积的菜地、较高的果树林（如梨树林、苹果树林）、薯类基地、烟草基地和茶园基地，可进行培土施肥、起垄、做畦、营造苗床、垄上覆膜等作业；大型微耕机主机功率在 6.0～7.5 千瓦，只能转位，不能转向，一般适于在中型地块（如丘陵、梯田、水田地段）耕作，可进行深翻、深松作业。

　　鉴赏耕耘机，鉴赏造型是基本的。关于造型，图 9 - 7 将其展现在眼前。总的来说，耕耘机的造型有点像手扶拖拉机。

鉴赏耕耘机，鉴赏类型是应该的。耕耘机多种多样，可分为小型、中型、大型3大类。然而，这却不是重要的，重要的是各种类型都有其相应的适用范围，具体如上文所列，这就使得耕耘机由于类型的多样而适用于各种各样的作业，从而使其能较好地适应情况千差万别的农业中。

鉴赏耕耘机，鉴赏原理是必要的。耕耘机是机械，运用的是机械原理。尽管这样，主要构件却是旋耕部件，主要作用却是旋耕刀片切削土壤，这与锄头利用锄刀来作用土壤是基本相同的。由此可见，耕耘机是锄头的发展，是简单工具向机耕工具的发展，是杠杆原理运用向机械原理运用的发展，是锄刀对土壤的作用向旋耕刀片对土壤的作用的发展。

鉴赏耕耘机，鉴赏效能是关键的。由于机械原理的运用，耕耘机的效能要比运用杠杆原理的锄头大得多，人力的作用虽然还有，但已可以忽略，表现的是机械力的作用，是旋耕刀片对土壤的切削——又快又好的切削。

鉴赏耕耘机，鉴赏使用是有趣的。相对来说，使用锄头是容易的，即使一时不能运用自如，但是，只要使用，都会达到锄松表土的目的。使用耕耘机就不同了，必须学会掌握机械原理，才能进行操作，必须经过一段时间的学习，才能掌握，才能实现对土地的耕耘，才能实现各种作业的进行。尽管这样，却是有趣的，情趣存在于技能的掌握，表现于作业的进行中。

鉴赏石锄、铁锄和耕耘机，可看到不同时期的农业劳动工具，看到农业劳动工具的发展——由原始农业劳动工具向传统农业劳动工具再向现代农业劳动工具的发展，看到原始劳动工具的智慧、传统农业劳动工具的传承、现代农业劳动工具的源泉。

第十章 农民生活用具鉴赏

农业劳动工具是农民的劳动工具，农民生活用具是农民的生活用具。在农业鉴赏中，也存在农民生活用具鉴赏。

第一节 农民生活用具鉴赏的对象

农民生活用具指的是农民日常生活上所使用的器具，包括吃的用具、穿的用具、住的用具、行的用具和娱的用具。吃的用具如碗、盆和筷等，穿的用具如衣、裤和帽等，住的用具如床、椅和凳等，行的用具如马、骆驼和单车等，娱的用具如麻将、扑克和弹弓等。

当然，农民生活用具是相对来说的，只有当其用来作为农民日常生活之所使用的器具时，才是农民生活用具，而当其不再用来作为农民日常生活之所使用的器具，则不是农民生活用具。上文提到的马和骆驼，当其用来作为农民交通之用时，就是农民生活用具；而当其用来作为运载农资等货物时，则不是农民生活用具，而是运输工具、是农业劳动工具。

农民生活用具伴随着人类的存在而存在、发展而发展。在漫长的人类发展历史中，人类生产和使用了不少农民生活用具。这些农民生活用具都具有美的存在和表现，不过，值得鉴赏的只是那些富有审美意义和文化意义的农民生活用具。

第二节 农民生活用具鉴赏的内容

农民生活用具和农业劳动工具都是器具，因此，农民生活用具鉴赏的内容与农业劳动工具的基本相同。

一、造型鉴赏

农民生活用具审美产品也像其他农业审美产品一样，没有体积，没有质量，具有可叠加性，自然没有造型，但是，其所依附的碗、盆、筷，衣、裤、帽，床、椅、凳，马、骆驼、单车和麻将、扑克、弹弓等农民生活用具都是实物产品，有体积，有质量，不可叠加，这样，自然有造型。因此，就存在造型鉴赏。造型鉴赏，应鉴赏造型的存在，造型的多样，造型的客观及造型的审美。

二、结构鉴赏

农民生活用具也像农业劳动工具一样，总是由若干部分组成，即使最常见的碗也由碗体、碗口和碗足组成。因此，就存在结构鉴赏。结构鉴赏，则应鉴赏结构的实在，结构的组合与结构的合理。

三、材料鉴赏

农民生活用具也像农业劳动工具一样，是实物，无不用相应的材料来制作，问题只是用什么材料来制作而已。因此，就存在材料鉴赏。材料鉴赏，主要应鉴赏材料的类型，材料的质地及材料的合理。

四、功能鉴赏

农业劳动工具是农民农业生产上所使用的器具，农民生活用具则是农民日常生活上所使用的器具，农民生活用具具有服务农民日常生活之功能，这样，就存在功能鉴赏。功能鉴赏主要则应鉴赏功能的类型，功能的变化及功能的表现。

五、文化鉴赏

既然作为器具的农业劳动工具在其产生、形成和发展中淀积、形成相应的文化，那么，也作为器具的农民生活用具在其产生、形成和发展的过程中也淀积、形成相应的文化。因此，就存在文化鉴赏。文化鉴赏，则应鉴赏文化的表现，文化的符号与文化的发展。

六、组合鉴赏

农民生活用具完全可以根据人们的生活需要和审美需要，通过各种形式组合在一起，形成相应的空间存在形式。就这一点来说，农民生活用具比农业劳动工具更具组合性。因此，就存在组合鉴赏。组合鉴赏，应鉴赏组合的用具，组合的场地，组合的方式及组合的主题。

第三节　农民生活用具鉴赏的视角

农民生活用具和农业劳动工具都是器具，都是客观实在。既然农业劳动工具可以成为审美对象，可以从不同视角加以鉴赏，那么，农民生活用具也可以成为审美对象，也可以从不同视角加以鉴赏。

一、视觉下的农民生活用具

就像农业劳动工具审美产品一样，农民生活用具审美产品也是一种审美产品，是一种审美客体，是一种审美对象，完全可以通过视觉来鉴赏。

视觉下的农民生活用具，是审美客体的农民生活用具。在视觉的作用下，农民生活用具客观地存在着，以审美客体的形式客观地存在着，以各种造型、结构、材料、功能、效能、文化和组合的形式客观地存在着。

视觉下的农民生活用具，是审美对象的农民生活用具。在视觉的作用下，特别是通过审美鉴赏力的作用，农民生活用具客观存在着的美就会表现出来，成为审美对象。

视觉下的农民生活用具，是审美情趣的农民生活用具。在视觉的作用下，特别是在审美鉴赏力的作用下，农民生活用具不但会由审美客体变成审美对象，而且会给人们带来审美情趣。

二、听觉里的农民生活用具

农民生活用具在使用时会由于与其他物体的作用而发出声音，特别是那些娱乐用具更是如此。当然，更多的娱乐用具是本身各部件在相互作用中发出声音。这样，就存在听觉里的农民生活用具。

听觉里的农民生活用具，是发出声音的农民生活用具。尽管用刀来切蛋糕发出的声音，人们不一定能听得到，但是，用刀来切菜发出的声音，人们却能听得到，用刀来砍猪骨发出的声音就更不用说了。

听觉里的农民生活用具，是能够发出愉悦声音的农民生活用具。农民生活用具在使用的时候发出的声音，有的是杂音、噪音，有的是却是愉悦的。显然，最为愉悦的应是民间乐器在使用时发出的声音——一个个音符构成的民间乐音。

三、触觉间的农民生活用具

农民生活用具是使用之用具，手可摸之、抓之、用之。这样，就存在触觉间的农民生活用具。触觉间的农民生活用具，是舒服感觉的农民生活用具。在农民生活用具中，有不少是可以给人以手感舒服的。

四、使用中的农民生活用具

农民生活用具是农民用来使用的，是农民用来"吃"、"穿"、"住"、"行"和"娱"的。自然，市民、游客也可用来使用，这样，就存在使用中的农民生活用具，可以从使用中的视角鉴赏农民生活用具。

使用中的农民生活用具，是农民生活用具使用体验的农民生活用具。农民生活用具对农民来说是习以为常的，但是，对市民、游客来说却是陌生的。这样，对市民、游客来说，通过使用，就能获得使用体验。

使用中的农民生活用具，是昔日农民生活用具使用体验的农民生活用具。在作为使用体验的农民生活用具中，有不少是昔日的，是昔日曾经使用现在不再使用或很少使用的，如洗脸用的木脸盆，照镜用的铜镜。这样，通过这些农民生活用具的使用，就能获得昔日农民生活用具使用体验，获取昔日农民生活情趣。

五、展馆里的农民生活用具

农民生活用具也属于人文的一部分，可以收集、传列于展馆里。

展馆里的农民生活用具，是集中存在和表现的农民生活用具。在展馆里，往往收集、传列、展示、保护着当地可以收集得到的所有农民生活用具，至于那些具有典型性、代表性的就更不用说了。广东省中山市翠亨村和徐闻县广安村的民俗馆就是这样。因此，通过展馆，就基本能认识、了解当地的农民生活用具。

展馆里的农民生活用具，是系统存在和表现的农民生活用具。在展馆里，收集、传列、展示、保护的农民生活用具往往较齐、较系统，这样，通过鉴赏，就能比较系统地认识、了解当地的农民生活用具。例如，农民的居室用具床、桌、椅、凳、柜等往往都会在展馆里传列着、展示着。

展馆里的农民生活用具，是审美存在和表现的农民生活用具。展馆里的农民生活用具往往都经过艺术处理，往往也都是技艺上的农民生活用具。因此，展馆里的农民生活用具也就是艺术化的农民生活用具，也具有审美性，存在和表现着美。

第四节　农民生活用具鉴赏的案例

选择农业劳动工具鉴赏案例从年代的角度进行，选择农民生活用具鉴赏案例则从分类角度进行，具体是碗、八仙桌。

一、碗

碗，为人们日常必需的饮食器皿，起源可追溯到新石器时代。碗为泥质陶制，其形状与当今无多大区别，即口大底小，碗口宽而碗底窄，下有碗足。高度一般为口沿直径的二分之一，多为圆形，极少为方形。不断变化的只是质料、工艺水平和装饰手段（图10-1、图10-2、图10-3、图10-4、图10-5、图10-6）。

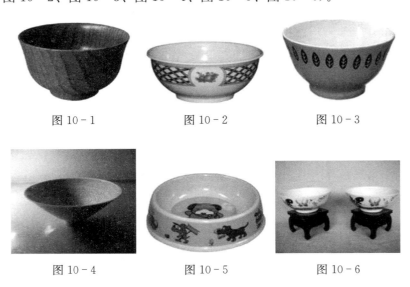

图10-1　　　　　　　图10-2　　　　　　　图10-3

图10-4　　　　　　　图10-5　　　　　　　图10-6

制碗的材料有陶瓷、木材、玉石、玻璃、琉璃、金属等。

碗，就用途来说，可分为饭碗、汤碗、菜碗、茶碗等。就形状来说，有六朝时的青釉莲瓣纹碗，唐代越窑海棠式碗，邢窑的釉花口碗，以及唐后的折腰碗、斗笠碗、卧足碗、敦式碗、盖碗等。最具典型性的是：①宫碗。口沿外撇，腹部宽深丰圆，造型端正，多为皇宫用器。明正德时烧制最为著名，有"正德碗"之称。②羽觞。杯的一种样式。器身椭圆、浅腹、平底。腹两侧置半月形双耳，也有饼形足或高足。明末清初流行。碗身上往往题有信士弟子名称乞求内容、施舍时间等，多为青花瓷。③注碗。温酒用具，与注子配套使用。一般碗壁直而深，有的通体呈莲花形，用时碗内放适量热水。注子内盛酒置于碗中。宋代南北瓷窑均有烧造，以南方居多。④盏。瓷碗的一种样式，饮茶用器。敞口、斜身、深腹、圈足，体略小。宋代有黑、白、酱、青、白和青白釉茶盏，以黑釉为贵。兔毫盏、玳瑁盏为"斗茶"之上品。⑤茶船。放茶盏的用具。因形似船，故名。明清时景德镇窑烧制有仿官釉、表花、粉彩茶船。

碗，随着历史的演进而发展。碗，起源于新石器时代，商周至春秋战国时期，碗为青瓷制品，基本形状为大口深腹平底。唐以前，碗多为直口、平底、施釉不到底，基本无纹饰。唐代，碗有直口、撇口、葵口等，口沿突有唇边，多为平底、玉璧底及环条形底，施釉接近底部，精制的产品施满釉，有简单的画花装饰出现。宋代，碗多为斗笠式、草帽式、大口沿、小圈足，圈足直径大小差不多是口沿的三分之一。釉色多为单色，如影青、黑、酱、白等，纹饰用刻、划、印等手法，将婴戏、动物、植物、文字形象绘在碗的内外壁或内底心上。元代，碗高大厚重，圈足多为内斜多撇，断面呈八字形。多采用印花、刻花装饰。明代，碗多鸡心式、墩子式及口沿外向平折式，圈足较为窄细，大多采用画花装饰。画花装饰技法用于碗上，自唐长沙窑起始，至宋磁州窑过渡，经元青花激发，到明代才真正兴盛起来。明代，最多的就是胎体轻薄、白底青花的饮食用碗。清代，形状、釉色、纹饰更为丰富多样，工艺制作更为精巧细腻，素三彩、五彩、粉彩装饰的宫廷皇家用碗更让人叹为观止。

鉴赏碗，最基本的自然是碗的形状。一般来说，碗的基本形状都是口大底小，碗口宽而碗底窄，下有碗足，碗口呈圆形。但是，也有青釉莲瓣纹碗、海棠式碗、釉花口碗、折腰碗、斗笠碗、卧足碗、敦式碗、盖碗等，更有典型的宫碗、羽觞、注碗、盏和茶船。透过这些碗，不但可看到碗的形状的多样，而且可看到碗的生产年代、生产出处和特殊用途。如果说青釉莲瓣纹碗是六朝碗的代表的话，那么，海棠式碗和釉花口碗则是唐代碗的代表，折腰碗、斗笠碗、卧足碗、敦式碗、盖碗却是唐后碗的代表。

鉴赏碗，其次应鉴赏的是材料。最初的碗是泥质陶制的，这一材料利用一直延续到现在。至今，除陶瓷外，制作碗的材料还有木材、玉石、玻璃、琉璃、金属等。显然，用木材制作的碗显得古朴、实在，而用玉石、金银制作的碗就显得高贵、珍稀。

鉴赏碗，再次应鉴赏的是时代特色。从上面的资料可见，不同时代制作的碗有其相应的特色，通过这些特色的鉴赏就可知道其生产的年代。碗的制作工艺水平和装饰手段愈来愈高，形状、釉色、纹饰愈来愈丰富多样，愈来愈成为实用与工艺的统一体，有的甚至可以与工艺品相媲美。

鉴赏碗，当然还应鉴赏碗的艺术。上面提到碗为实用与工艺的统一体，有的甚至可以与工艺品相媲美，这无不意味着艺术鉴赏的可能和必要。如果说折腰碗、斗笠碗、卧足碗、敦式碗、盖碗、宫碗、羽觞、注碗、盏和茶船等多种形状的碗可给人以多样、丰富的感觉的话，那么，釉色、纹饰的运用则使碗呈现艺术性，而素三彩、五彩、粉彩装饰的碗却可使碗成为艺术极品，至于图10-6则是碗的设施化、艺术化，或者可以说，已成为完全作为装饰作用的艺术品了，其美的存在既在碗的本身，更在于碗及其盛放物的和谐统一。

鉴赏碗，最有情趣的则应是使用。碗是最常见、最普通的饮食器具，使用、用之饮食自然既有必要，也有情趣。常见、常用的碗，也就是圆口碗，一般人都见过、用过。作为鉴赏意义不大，但是，宫碗、羽觞、注碗、盏和茶船等就不同，使用之，鉴赏之，情趣会是浓浓的。使用宫碗，最大的意义自然在于体验皇宫中皇帝及大臣们的碗的使用，感受他们的生活；使用羽觞，最大的意义则在于使用碗的实在，体验杯的情趣；使用注碗，最大的意义却在于注碗与注子的配合使用，在于学会将内盛酒的注子置于碗中，在于感受这样温酒的效果和情趣；使用盏和茶船，情趣完全在于饮茶的高贵化，在于茶文化的表现和张扬。

二、八仙桌

八仙桌，一种传统、普通的大型家具。主要用于吃饭饮酒，每边可坐两人，可以围坐八个人，故名八仙桌（图 10-7、图 10-8）。

图 10-7

图 10-8

八仙桌，属几案类家具。其历史至少可以追溯到有虞氏的时代，当时称为俎，多用于祭祀，案的名称在周代后期才出现。宋高承《事物纪原》载："有虞三代有俎而无案，战国始有其称。"桌子的名称在五代时方才产生。现在可考的八仙桌至少在辽金时代就已经出现，明清盛行，尤其是清代无论是达官显贵还是平民百姓几乎家家都可以寻到八仙桌的影子，甚至成为很多家庭中唯一的大型家具。

八仙桌，结构简单，用料经济，十分实用。八仙桌仅由腿、边和桌面三个部件组成。桌面边长一般要求在 0.9 米以上，桌面边抹都做得较宽，攒框打槽，以木板做面心板，面心板通常为两拼，桌面心后面装托带，以增大桌面的牢固度及承重度，也有用瓷板、瘿木、云石作桌面的。八仙桌使用方便，形态方正，结体牢固，亲切、平和又不失大气，有极强的安定感，这也使得其成为上得大雅之堂的中堂家具。无论厅堂装饰的典雅还是简单，甚至粗糙，只要空间不是特别逼仄，摆上一张八仙桌，两侧放两把椅子，就会产生非常稳定的感觉，如一位大儒，稳定平和。

关于八仙桌，有许多传说。最为流行的莫过于八仙造桌帮布依人家办喜事的传说，其次就是杭州画圣吴道子画桌招待八仙的传说。

鉴赏八仙桌，结构应成为焦点之一。八仙桌结构的最大特点就是简单。主要表现在：一是构件简单。八仙桌仅由腿、边和桌面三个部件组成。二是组合简单。八仙桌通过攒框打槽组合在一起。三是桌面简单。八仙桌一般仅两拼，有的用一块木料制成，若用瓷板、云石作料，则几乎都是单块料制成。

鉴赏八仙桌，材料也应成为焦点之一。八仙桌的材料一般为木材，不过，质地却参差不齐，富贵人家一般用红木（如樟木），贫贱人家一般用普通木料（如苦楝木）。至于桌面，大多也是用木料，用瓷板、云石的很少。

鉴赏八仙桌，工艺还应成为焦点之一。八仙桌既是大型家具之一，也是主要家具之一，一般置放于中堂之中。因此，富贵人家的八仙桌制作很讲究，不但用红木，而且讲艺术。桌面往往加了很多如拐子龙、浮雕吉祥图案等装饰性的部件，且工艺精巧，美观耐看，实现了实用与审美的统一，或者可以说，成为审美性很强的实用品。

鉴赏八仙桌，实用同样应成为焦点之一。八仙桌的主要用途有两个：一个是吃饭饮酒，另一个是祭拜祖先。一般地，置放于中堂之中，形态方正，有极强的安定感，两侧置放两把椅子，就会产生非常稳定的感觉，四边置放四条长板凳，就可同时围坐"八仙"。

鉴赏八仙桌，文化仍然应成为焦点之一。透过八仙桌，可以品读出什么文化？上面提到的两个传说已有所体现，不过，还不完全。笔者认为，以上两个传说为基础，可以品读出如下文化：一是八仙桌是方正的，透现着为人处世应该公正；二是坐在四边的客人有如"神仙"，是贵人，应予礼遇；三是围坐在四边的客人不分主次，地位是平等的。

第十一章　农业劳动鉴赏

农业总是伴随着农业劳动进行的。因此，随着农业美学的兴起与发展，农业劳动，农业劳动审美产品势必也成为农业鉴赏的对象。

第一节　农业劳动鉴赏的对象

众所周知，农业劳动就是农业劳动主体使用农业劳动工具，利用农业劳动技能，作用农业劳动对象，生产农业劳动产品的过程。

基于此，农业劳动应包括农业生产人员从事农业生产，农技推广人员从事农技推广，农业教育人员从事农业教育，农业研究人员从事农业研究，农业管理人员从事农业管理，其他农业涉及人员从事涉农事务。

不过，这里的农业劳动是狭义的，即仅限于农业生产人员从事农业生产。应包括农民种田、林农植树、牧民牧羊、渔民养鱼等在内。

农业劳动既是一种劳动，也是一种肢体运动。作为肢体运动，农业劳动自然也具有肢体运动美，从而表现出农业劳动美。农民插秧，双脚弓着，"面朝黄土，背朝天"，左手拿着秧，右手插着秧，每插满一行，就后退一步，并用右脚将田面拨平，随着四肢和身体的协调运动，田园秧苗也就逐渐插满。这不是美，是什么？

基于此，农业劳动审美产品的存在和表现，就可进行农业劳动鉴赏，就可对依附于插秧等农业劳动之上的农业劳动审美产品进行认识、鉴定和欣赏。

第二节　农业劳动鉴赏的内容

农业劳动有农民种田、林农植树、牧民牧羊、渔民养鱼等多种多样，农业劳动可鉴赏的内容自然也多种多样。可作如下归纳：

一、农业劳动主体鉴赏

农业劳动主体是农业劳动的主体。农民是种田的主体，种田由农民来进行；林农是植树的主体，植树由林农来进行；牧民是牧羊的主体，牧羊由牧民来进行；渔民是养鱼的主体，养鱼由渔民来进行。因此，就存在农业劳动主体鉴赏。农业劳动主体鉴赏，应鉴赏农业劳动主体的外部特征，农业劳动主体的精神面貌，农业劳动主体的职业形象。

二、农业劳动方式鉴赏

所谓农业劳动方式，就是农业劳动主体使用什么样的农业劳动工具，作用农业劳动对象。显然，农业劳动主体可使用的农业劳动工具有许多。不过，这些农业劳动工具却可如以上所述，归纳为简单工具、半机械工具、机械工具和智能工具。因此，就存在农业劳动方式鉴赏。农业劳动方式鉴赏，则应鉴赏简单工具使用的农业劳动方式，半机械工具使用的农业劳动方式，机械工具使用的农业劳动方式，智能工具使用的农业劳动方式。

三、农业劳动过程鉴赏

农业劳动总是一个过程。作物种植，从种植到收获是一个过程；水稻插植，从插植第一株秧苗到插满整块水田也是一过程；肥料运载，从商店运到田头还是一个过程；农民劳动，从早上出工到晚上收工同样是一个过程。因此，就存在农业劳动过程鉴赏。农业劳动过程鉴赏，主要应鉴赏农业劳动主体的劳动态度，农业劳动主体的劳动姿势，农业劳动主体的工具运用，农业劳动主体的劳动程序。

四、农业劳动成果鉴赏

任何农业劳动都会有结果，问题只是结果的不同而已。这里的结果，其实就是成果。因此，就存在农业劳动成果鉴赏。成果鉴赏，主要则应鉴赏农业劳动成果的表现形式，农业劳动成果的技术支撑，农业劳动成果的先进水平。

第三节　农业劳动鉴赏的视角

如果说农业劳动工具是静态的话，那么，农业劳动就是动态的。既然农业劳动工具可以从多种视角加以鉴赏，那么，农业劳动也可从多种视角加以鉴赏。

一、视觉下的农业劳动

农业劳动是一种肢体运动，是一种农业劳动工具使用，是一种农业劳动技能运用，是一种农业劳动对象作用，完全可通过视觉来感知，来鉴赏。

视觉下的农业劳动，是一种肢体运动的农业劳动。农业劳动主体在劳动的时候，肢体总是运动的，问题只是运动的方式不同。锄地，双脚一前一后，身体稍向前倾，双手抓着锄头，不停地作上下运动；挑水，肩上挑着水，双手一前一后抓着水桶上的绳，双脚不停地向前走去。通过肢体运动的和谐程度，则可感知农业劳动主体的农业劳动的熟练程度和劳动效果。

视角下的农业劳动，是农业劳动工具使用的农业劳动。在视觉的作用下，农业劳动最为明显的自然是农业劳动工具的使用。

视觉下的农业劳动，是农业劳动技能运用的农业劳动。对视觉来说，农业劳动工具使用是明显的，但农业劳动技能运用却是不明显的。不过，若对农业劳动主体运用智能工具，这一感知仍是比较明显的。

视觉下的农业劳动，是农业劳动对象作用的农业劳动。在视觉的作用下，农业劳动对农业劳动对象的作用自然是可视的。当然，审美的焦点并不是农业劳动对农业劳动对象的作用，而是这一作用使农业劳动对象在作用前后所发生的变化。

二、听觉里的农业劳动

农业劳动是农业劳动主体使用农业劳动工具作用农业劳动对象的过程。既然这样，在这一过程中，往往会产生出各种各样相应的声音。同时，在这一过程中，农业劳动主体往往会发出劳动的号子或哼着小调。这样，就存在听觉里的农业劳动，可以从听觉里的视角鉴赏农业劳动。

三、参与中的农业劳动

在农业旅游中，游客常常参与到农业劳动中，使用农业劳动工具，利用农业劳动技能，作用农业劳动对象，体验农业劳动。这样，就存在参与中的农业劳动，可以从参与中的视角鉴赏农业劳动。

参与中的农业劳动，是从事农业劳动的农业劳动。在农业旅游中，在所参与的农业劳动中，所从事的农业劳动与一般的、真正的农业劳动并没有什么两样，或在本质上并没有什么两样，不过，既然是农业旅游，其劳动还是有所不同，主要表现在：所使用的锄头相对更适手，所锄的田园相对更疏松。

参与中的农业劳动，是学习农业劳动技能的农业劳动。在农业旅游中，参与农业劳动的往往都是城镇市民和青少年，他们往往很少参加农业劳动，对农业劳动抑或不知、抑或知之甚少。这样，通过参与农业劳动，就可以解决以上问题，从而达到学习农业劳动技能的目的。

参与中的农业劳动，是体验农业劳动的农业劳动。在农业旅游中，参与农业劳动的城镇市民和青少年通过参与农业劳动，通过农业劳动工具的使用、农业劳动技能的应用、农业劳动对象的作用，获得农业劳动知识，获得农业劳动体验，获得农业劳动情趣。

第四节　农业劳动鉴赏的案例

关于农业劳动鉴赏的案例，选择农民、人工插秧和机械插秧。

一、农民

农民，是最具典型性、代表性的农业劳动主体，甚至可以等同农业劳动主体，如种田的农民、植树的林农、牧羊的牧民、养鱼的渔民（图 11-1）。

图 11-1

农民，往往都具有固有的外部特征，特别是上了年纪的农民更明显。这一固有的外部特征的形成主要在于其职业，在于体力劳动加上露天作业这一特殊的职业。由于这两大因素的长期作用，农民的肌肉往往较发达，皮肤往往较黑，给人勤劳、厚道、淳朴、善良的感觉。如果说肌肉、皮肤通过视觉可感知的话，那么，勤劳、厚道、淳朴、善良的品德则可通过接触、特别是"同吃、同住、同劳动"而感悟。既然农民的外部特征主要取决体力劳动和露天作业这两个因素，那么，可以想象，随着工作条件的改变，如由在田园上挑着肥水淋洒作物变成在室内操控电脑通过管道施用肥水，农民的外部特征会逐渐改变；迟早会与写字楼工作的文职人员一样。或者也可以说，不同的只是职业，而不是外部特征。

图 11 - 1 表现的并不是农民割稻的真实情景，而是割稻的农民在稻田里的艺术形象。然而，正是由于这样，才使图片更具艺术性、抽象性、概括性。通过这张图片，可以鉴赏到：一是水稻是丰收的；二是水稻生产正进入收割这一环节；三是农民是喜悦的；四是农民对水稻生产是满意的；五是农民十分珍惜其所生产的稻谷，或农业劳动主体追求劳动价值的体现。

二、人工插秧

人工插秧，也就是习惯上称的"插秧"，是最传统的农业劳动之一，即使是现在仍普遍存在和表现于乡村中、田园中，在还未推广机械插秧的地区仍在存在和表现着（图 11 - 2）。

图 11 - 2

插秧，是一个将秧苗插进田园的过程。一般来说，插秧经过拿秧、分秧、插入、稳固等环节，如果包括其前期的工作，那么，插秧还经过拔秧、挑秧、散秧和拨平田面等环节。当然，其全过程可由一个人单独完成。不过，为了提高工效，全过程一般由 3 个人来共同完成。一个人负责拔秧，一个人负责挑秧和散秧，一个人负责拨平田面、拿秧、分秧、插入、稳固。

插秧，是肢体运动的过程。双脚弓着，"面朝黄土，背朝天"，左手拿着秧，右手插着秧，每插满一行，即后退一步，然后再用右脚将田面拨平，如此反复，随着四肢的不断协调运动，秧苗逐渐插满田园。这其实也可看作田园舞蹈。当然，更有意义的是将其艺术化、抽象化。

插秧，是一个群体的合作。这一群体分成拔秧的、挑秧的和插秧的三部分，每一部分往往不止一个人，特别是插秧的往往是好几个人。合作的成功表现在：就三部分来说，所拔之秧、所挑之秧必须能满足所插之秧的要求，快了、慢了不好，多了、少了也不好，不快不慢、不多不少最好；就插秧部分来说，各位插秧者不但要做到插秧速度一致，而且要做到插秧质量和规格一致。这其实就体现、强调了协调、和谐，当然更可看作是田园舞蹈。

三、机械插秧

机械插秧，就是利用机械来插秧，就是利用插秧机来插秧。它是插秧的机械化，也使人工插秧实现质的飞跃（图 11 - 3）。

图 11 - 3

　　机械插秧，尽管利用了机械原理，但是，其基本原理与人工插秧相同。如果说人工插秧是通过手将秧苗插进田园的话，那么，机械插秧却是通过手的延伸——机械——将秧苗插进田园。

　　从图11-3可见，机械插秧，也就是利用插秧机插秧，是2个人在操作，一个开机，一个弄秧。这表明两点：一是机械插秧仍需要人工操作，不但开机需要人的操作，插秧也需要人的操作；二是开机的和弄秧的必须协调，机开得太快不行，开得太慢也不行，弄秧的必须跟上开机的。

　　从图11-3还可见，整块田园仅一部插秧机和2个人，这与图11-2相比，足可见机械的省力省工、又快又好。这表明：使用机械工具的农业劳动方式比使用简单工具的农业劳动方式要先进。

第十二章　农民生活与活动鉴赏

农业劳动是农民肢体运动的一种方式，农民生活与活动也是农民肢体运动的一种方式。既然农业劳动可鉴赏，那么，农民生活与活动也可鉴赏。

第一节　农民生活与活动鉴赏的对象

什么是农民生活与活动？笔者认为，农民的吃、穿、住、行就是农民的日常生活，农民的集资、修路等就是农民的社会事务，农民的宣传、选举等就是农民的政治活动，农民的节日庆典、红事白事等就是农民的民风民俗。这些则可统称为农民生活与活动。

农业劳动是农民的肢体运动，农民生活与活动自然也是农民的肢体运动，农民生活与活动的肢体运动范围更广，内容更多，形式更多样。尽管这样，并不是所有农民生活与活动都可成为农民生活与活动审美产品。十分显然，农民私生活等就不可能、也不应该成为农民生活与活动审美产品。

什么样的农民生活与活动或其肢体运动可以成为农民生活与活动审美产品？主要有如下三种：一是具有美感的。民族歌舞往往都很优美，不但服饰美，而且舞姿美，更是伴随着悦耳的旋律或歌声，即民族歌舞之类的农民生活与活动可成为农民生活与活动审美产品。二是具有特感的。农民的吃饭不见得很优美，不但饭桌不见得美，而且饭碗也不见得美，更不见得美的是坐姿，但是，一张八仙桌，四条长板凳，一家子人围坐而吃，其氛围、其情形却无不给人以特殊的感觉，即吃饭之类的农民生活与活动也可成为农民生活与活动审美产品。三是具有文化的。乡村的婚礼是特别的、有趣的，吃槟榔、揭头盖、闹洞房等无不透出民俗性，无不蕴含着可给人以审美情趣的民俗文化。这些农民生活与活动同样可成为农民生活与活动审美产品。

基于农业鉴赏的对象是农业审美产品，农民生活与活动鉴赏的对象自然就是农民生活与活动审美产品，就是依附于农民的吃、穿、住、行等日常生活、集资、修路等社会事务、宣传、选举等政治活动、节日庆典、红事白事等民风民俗之上的农业审美产品，就是具有美感或具有文化的农民生活与活动审美产品。

第二节　农民生活与活动鉴赏的内容

一、日常生活鉴赏

吃、穿、住、行为人类生活之基本，也为农民生活之基本。因此，就存在日常生活鉴赏。日常生活鉴赏，应鉴赏农民之吃，农民之穿，农民之住，农民之行。

二、社会事务鉴赏

在乡村，农民还不时从事着集资、修路等社会事务。因此，就存在社会事务鉴赏，值得进行社会事务鉴赏。社会事务鉴赏，则应鉴赏活动的场所，活动的形式，活动的气氛。

三、政治活动鉴赏

在乡村，农民也像其他公民一样，不时从事着宣传、选举等政治活动。因此，就存在政治活动鉴赏。政治活动鉴赏，主要应鉴赏：

活动的场所。在乡村，政治活动的场所与社会事务的基本相同，即主要在会议室、院子里，但是，相对来说，更多的场所却是会议室，特别是比较严肃的政治会议，如选举等。而至于宣传栏则多在村宅所在地，宣传标语则多在村庄比较显眼的地方，如主道两旁的建筑上。

活动的形式。在乡村，选举之类的政治会议完全是会议的形式，不同的是会场布置讲究程度不够。尽管这样，其他政治活动却形式多样。例如，选民投票，大多都是由工作人员拿着投票箱到各家各户逐一投票。又如，政策宣传，大多是通过张贴标语和制作宣传栏的形式进行。

活动的气氛。随着民主进程的加快，农民当家作主的意识日益增强，日益主动地、积极地参与到政治活动中去。

四、民风民俗鉴赏

在乡村，在漫长的岁月中，在地理、气候、经济、生产和生活等因素的作用下，无不形成相应的民风民俗。事实上，在农民生活与活动中，最有鉴赏意义的应是民风民俗。因此，就存在民风民俗鉴赏。民风民俗鉴赏，主要则应鉴赏：

民风民俗的类型。有道是："百里不同风，千里不同俗"。民风民俗的不同首先表现在民族上。我国是一个多民族国家，56个民族有56个民族的民风民俗。民族的不同主要表现在服饰上，其次表现在语言上，再次表现在节日庆典和红事白事等其他方面。

民风民俗的表现。每种民风民俗都有其存在和表现的形式。苗族服饰是我国所有民族服饰中最为华丽的服饰，既是中华文化的一朵奇葩，也是历史文化的艺术瑰宝，至今已有几千年的历史，其样式繁多，达200多种，且年代跨度大，有银饰、贝饰两大类，以银饰、苗饰、蜡染为主要特色。每一件苗族服饰，色彩都是夺目的，装饰都是繁多的，文化内涵都是丰富的。

民风民俗的审美。民风民俗的存在和表现无不透出文化价值和审美意义。苗族服饰的文化价值主要表现在其刺绣、蜡染图案，总是反映和表现着她们的内心世界，表达着她们对大自然的认识和了解以及对美好生活的向往，而一条亲手绣的绣花飘带赠予情人，则将少女的情感在情人面前袒露无余。审美意义则主要表现在刺绣和蜡染图案的规整性和对称性，在于其变化规律，或等距，或对称，或重复循环，强调色彩与图案的完整和统一。

第三节　农民生活与活动鉴赏的视角

农民生活与活动和农业劳动都是农民的肢体运动。农民生活与活动也可以从视觉下、听觉里、参与中和生活上的视角加以鉴赏。

一、视觉下的农民生活与活动

只要走进乡村，就会看到生活与活动着的农民，而随着时间的延长，则不但会看到日常生活中的农民，而且会看到从事社会事务和政治活动的农民，看到民风民俗在农民的身上的存在和表现。这样，就存在视觉下的农民生活与活动，可以从不同的视觉鉴赏农民生活与活动。

视觉下的农民生活与活动，是千姿百态的农民生活与活动。在乡村，在视觉的作用下，农民的生活与活动都会呈现在眼前：农民在煮饭，在吃饭，在喂猪，在扫地，在静坐，在走动，在聊天……当然，最有鉴赏意义的是同一生活与活动内容的不同存在和表现形式。

视觉下的农民生活与活动，是周而复始的农民生活与活动。尽管农民生活与活动是千姿百态的，但是，其规律仍然是存在的，甚至可以说，是主要的，并往往以周而复始的形式表现着。比较具有典型性、代表性的是民风民俗，是节日庆典，是春节、端午节、中秋节，是初一、十五的烧香。可以说，这些渗透到农民的生活和活动中。

视觉下的农民生活与活动，是富有农趣的农民生活与活动。民族歌舞尤为典型，尤具代表性。民族歌舞产生于民间，流传于民间，即兴表演，风格独特，自娱为主，著名的有木鼓舞、古瓢舞、踩鼓舞、板凳舞、芦笙舞、狮子舞、龙灯舞、长鼓舞、扇子舞、农乐舞等。这些民族歌舞为民俗文化催生，无不富有农趣。

二、听觉里的农民生活与活动

听觉里的农民生活与活动，是相互交流的农民生活与活动。在乡村，在农民聚集的地方，哪怕仅有两个农民，也会听到他们在交流。当然，交流得最多的是日常生活的内容，是关于吃的、穿的、住的、行的。交流得最投入的是家里的喜事、邻里的趣事、社会的奇事。家里的喜事，往往是逢人便说，往往是千方百计地将喜事之话题扯上来，碰到关系好的乡亲就不用说了，即使碰上平时交恶的"敌人"也会有意无意地说出来。往往是：喜上眉梢，笑逐颜开。邻里的趣事，往往是碰到关系好的乡亲才说，总是那么瞻前顾后，躲躲点点，神神秘秘，窃窃私语，有时要把音量放到最小，有时要把嘴巴挨到对方的耳朵上。社会的奇事，往往总是走向人群，用尽可能大的声音来说，唯恐大家听不到，唯恐有人听不到；同时，往往是手舞足蹈的，宛如表演一般，成为人群的焦点，成为表现的方式。

听觉里的农民生活与活动，是互相辩论的农民生活与活动。农民在相互交流的过程中，有时会由于一些看法不同的问题而辩论，以求通过辩论达成一致，达成共识，解决问题。不过，这种辩论往往以争吵的形式、以压制的形式、以粗话的形式、以大声的形式、以打架的形式来进行。有时，由于一时辩论没有结果，而天色已晚，只好暂时休战，第二天、第三天继续，直到有一方不再愿意参战，主动退出为止。当然，这往往并不意味着达成一致，达成共识，更不意味着道理说清，问题解决，而往往抑或是强大压倒弱小，抑或是道理让于无理，理智让步鲁莽。不过，随着文明程度的提高，这些形式逐渐消失，代之以讲理的形式、以平和的形式、以文明的形式来进行，而辩论的结束也就是一致的达成，共识的达成，道理的清楚，问题的解决。

听觉里的农民生活与活动，是乡村旋律的农民生活与活动。在乡村，有农民互相交流的声音，也有农民互相辩论的声音，更有牲畜、家禽的叫声，鸟儿、虫子的歌声，农具的摩擦声，山涧的流水声。如果说雄鸡黎明时发出的"喔、喔、哦……"，是报晓的话，那么，花丛中鸟儿发出的叫声，就与四周花儿散发的气味构成了"鸟语花香"了。细细品之，就是一首首优美的乡村旋律。

三、参与中的农民生活与活动

参与中的农民生活与活动，是置身其间的农民生活与活动。在乡村，在农业旅游区，作为参与中的旅游者、休闲者不再是旁观者，也不仅仅是鉴赏者，而是置身于农民之中，参与农民生活与活动。农民在聊天，旅游者、休闲者也在聊天的人群中；农民在修路，旅游者、休闲者也在工地上；农民在开会，旅游者、休闲者也坐在会议里；等等。

参与中的农民生活与活动，是扮演角色的农民生活与活动。在乡村，在农业旅游区，作为参与中的旅游者、休闲者不但置身其间，而且扮演角色。农民在聊天，旅游者、休闲者也与农民聊天；农民在修路，旅游者、休闲者也在修路；农民在开会，旅游者、休闲者也在开会；等等。

参与中的农民生活与活动，是体验情趣的农民生活与活动。在乡村，在农业旅游区，作为参与中的旅游者、休闲者，置身其间，扮演角色，自然就有体验，就有情趣。与农民聊天，那平和的语言、质朴的用词、地方的语音、特有的语调，无不会给你带来特有的感觉，留下深刻的印象，成为日后交流的话题；与农民一起修路，那走向的自然、工具的简陋、用料的实在、质量的讲究，也无不会给你带来特有的感觉，成为日后工作的借鉴；与农民一起开会，那形式的纯朴、主题的渲染、双向的交流、共识的形成，同样给你带来特有的感觉，成为日后活动的参考。

四、生活上的农民生活与活动

笔者的研究表明，在农业旅游中，有一种方式叫做田园生活。所谓田园生活，指的则是将田园作为庭院的延伸，作为庭院的有机组成部分，建成庭院化的田园，建成田园化的社区，成为人们日常生活的空间和场所，并将农耕活动作为日常生活的主要内容之一。这样，就存在生活上的农民生活与活动，可以从生活上的视角鉴赏农民生活与活动。

生活上的农民生活与活动，是农民化的农民生活与活动。在乡村里居住、生活、活动，是农民化的，吃的是农家饭，穿的是农家衣，住的是农家宅，行的是乡村道，参与的是农民的活动，与农民一起开会，一起修路，一起聊天，一起跳舞，久而久之，行为也是农民化的，谈吐像，举止也像，在潜移默化中愈来愈像。

生活上的农民生活与活动，是一体化的农民生活与活动。在乡村里居住、生活、活动，既是农民化的，也是一体化的，即旅游者、休闲者与当地的农民互相作用着、影响着，逐渐形成一个相互融合的整体；旅游者、休闲者在农民生活方式、行为方式的作用、影响下，逐渐农民化；农民在旅游者、休闲者生活方式、行为方式的作用、影响下，逐渐市民化。旅游者、休闲者逐渐成为农民中的一员——生活与活动中的一员；农民则逐渐在城市化中生活与活动。

生活上的农民生活与活动，是生命化的农民生活与活动。旅游者、休闲者在乡村里居住、生活、活动之期，也就是以乡村居住、生活、活动作为生命存在和表现的方式之时。这时的生命既在寻求适应和融合，也在寻求张扬，既在体验着、舒适着，也在运动着、发展着、表现着。喧闹的环境在宁静，快速的节奏在放慢，紧张的情绪在放松，疲惫的身心在舒展，异化的行为在回复，原本的生命在阐释。

第四节　农民生活与活动鉴赏的案例

关于农民生活与活动鉴赏的案例，稍加考虑，选择吃饭、苗族服饰和苗族舞蹈。

一、吃饭

吃，吃饭，日常生活的主要内容之一，对农民来说是这样，对所有人来说也是这样（图 12 - 1、图 12 - 2、图 12 - 3）。

图 12 - 1

图 12 - 2

图 12 - 3

我国农民的温饱问题已逐步得到解决，正朝着小康水平迈进。在吃饭上，已由主要为了摄取营养向着讲究质量转变：花样愈来愈多，鱼肉愈来愈多，追求荤素搭配，强调营养比例，讲究色香调配，享受饮食文化。

作为鉴赏，最值得鉴赏的是吃饭的方式。无疑，农民吃饭方式是多样的，更是难于一一描述的，但是，图 12 - 1、图 12 - 2 和图 12 - 3 却可使我们略见一斑：图 12 - 1 是一个农民蹲在工地上吃饭，十分简单、纯朴、自然、实在，就地而吃，能吃即可，能吃饱即可。图 12 - 2 是几个农民以"坐村"形式吃饭，他们坐在花丛旁，一边聊天，一边吃饭，肚子要填饱，话题也要说，从图片中看不出在说什么，但是，似乎是生活上的琐事，吃饭在聊天上进行，肚子在聊天中填饱。图 12 - 3 是一家子人一起吃饭，空间不宽，桌子不大，拥挤而有序，两老坐在正中，子孙围坐两边，两老坐姿讲究，儿媳围坐有礼，孙辈不拘不束，既是吃饭，也是礼仪、秩序、文化。

吃饭鉴赏，最理想的形式是参与其中。当也蹲在工地上吃饭的时候，那种简单、纯朴、自然、实在的感觉就会油然而生，就会对吃饭的本质——填饱肚子——有一个根本的认识。当也参与到以"坐村"形式吃饭的农民中去的时候，那种特有的吃饭情趣、生活情趣就会得以体验，就会留下记忆，就会知道填饱肚子只是生理的需求，追求快乐才是生命的真谛。当也参与到村民家庭中吃饭的时候，那种特有的礼仪、秩序、文化就会充分地表现出来，不但约束着那一家子人，而且约束着你，就会知道吃饭也是一种文化，吃饭固然重要，文化更加重要，吃饭催生文化，文化永续吃饭。

二、苗族服饰

关于苗族服饰，在正文中已多次谈到，不过，苗族服饰的确值得作为案例来专门鉴赏。

苗族服饰，是我国所有民族服饰中最为华丽的服饰，既是中华文化中的一朵奇葩，也是历史文化的瑰宝（图 12 - 4、图 12 - 5、图 12 - 6）。

图 12 - 4

图 12 - 5

　　苗族服饰，分服饰和头饰，服饰又分童装、男装和女装。饰物主要有头帕、银饰、银梳、银镯、银项等。

　　苗族服饰，主要通过苗族服饰图案来存在和表现装饰艺术和服

图 12 - 6

装之美。"呕欠嘎给希"——升底绣花衣是白洗式苗族服饰中最具有代表性的图案，由"呕欠字"和"呕欠闪"两种类型组成，汉译"红绣花花"和"暗底暗花衣"。二者背块均无刺绣，其他纹样与"呕欠嘎给希"相同。但服饰花纹图案变化最多的是"抛功拨"——袖花。其图案主要以各种几何图形布局，在不同的几何图形中，绣上各种花纹，组成许多不同名称的袖花。

黔东南苗服不下 200 种，是我国和世界上苗族服饰种类最多、保存最好的区域，被称为"苗族服饰博物馆"。

苗族服饰有性别、年龄及盛装与常装之分，且有地区差别。纷繁复杂的苗族服装服饰分为湘西型、黔东型、川黔滇型、黔中南型以及海南型等五大类型和若干款式。

苗族服饰，值得鉴赏的是其艺术价值。苗族服饰经过种麻、收麻、绩麻、纺线、漂白、织布等一系列复杂的工艺，到刺绣、蜡染、裁缝，最后成为一套精美的服装，无不反映了苗族妇女的勤劳和耐性。苗族女性抽象的刺绣、蜡染图案反映和表现了她们的内心情感世界，同时表达了苗族女性对大自然的认识和了解及她们对美好生活的向往。当一个苗族姑娘将自己亲手绣的花带赠予情人时，则不用更多华丽的语言来表达自己对情人如何的忠贞，只要通过绣花飘带就将姑娘所要表达的一切都包含其中，真正达到"此时无声胜有声"的情感境界。

苗族服饰，值得鉴赏的是其观赏价值。苗族的刺绣和蜡染图案，特别讲究"规整性"和"对称性"，就是挑花刺绣的针点和蜡染时的染距都有一定的规格，一定的变化规律，或等距，或对称，或重复循环。图案结构严谨，给人以整齐感、紧凑感。尤其是挑花刺绣图案，很容易在其中找到圆心，坐标轴不论沿横向还是纵向折叠，都是对称的。许多图案，不仅整个大的组合图案对称，而且大图案与小图案之间也是对称的。同时很讲究图案的色彩搭配，强调色彩与图案的完整和统一，似乎事先经过精确计算过。当你欣赏苗族刺绣蜡染图案时，若将数学公式、几何原理套入进行计算，其图案结构间的等距、对称关系是分毫不差的。

苗族服饰，值得鉴赏的是其文化价值。苗族服饰是苗族文化体系的重要组成部分，无不存在和表现着苗族历史的发展进程和文化沉积，存在和表现着苗族人民在与自然的和谐共处中对事物的认识和升华，形成的审美情趣。文山地区有句俗语："苗族住山头，壮族住水头，汉族住街头。"这句俗语大致勾勒出文山少数民族的分布状况，也反映了文山苗族所处的地理环境和条件。他们所居住的环境奠定了其对山中事物由感性识别上升为理性认识的基础。服饰是进行民族识别的手段之一，也是区分民族间的特征之一，直接体现着一个民族的审美观或世界观。文山苗族大致分为白苗、青苗、花苗、汉苗等。根据苗学专家对苗族服饰类型的划分，文山州的苗族服饰为几何花衣披肩型（即川黔滇型）的马关式（即挑花褶裙式）、邱北式（即白裙式）和开远式（即飘带式）。这三种服装款式包括了自称为蒙豆、蒙抓、蒙诗、蒙陪、蒙叟、蒙巴、蒙刷的苗族，他们都操川黔滇方言川黔滇次方言苗语，其文化习俗相近，但各自的服饰都有细微的变化。

苗族服饰，值得鉴赏的是其使用价值。作为游客，仅仅通过视觉来鉴赏是不够的，还必须通过使用来鉴赏。亲自穿上一身苗族服饰，包括服饰和头饰，首先感觉的是它们的舒适性，其次感觉的是它们的保暖性，最后感觉的是它们的装饰性。当然，鉴赏装饰性，通过观赏苗族同胞可获得，通过观赏旅游伙伴也可获得。最有鉴赏情趣的是到镜子面前看看自己穿上苗族服饰的情形，那从未有过的服饰之美会彰显出来，本不怎么美的身材和脸庞都会在苗族服饰的装饰下变美了，身材是那样婀娜多姿，脸庞是那样楚楚动人，美的感觉顿时形成。

三、苗族舞蹈

苗族是一个能歌善舞的民族，人人会唱歌、跳舞。几千年来，歌舞伴随着苗族的历史，生动地反映出苗族人民的生活。苗族的歌舞，最富有山野味，古朴、粗犷的风格，最能表达他们真挚、淳朴的思想情操，也最能使人感受到民间艺术的真、善、美（图 12 - 7、图 12 - 8、图 12 - 9）。

图 12 - 7

苗族民间舞蹈有芦笙舞、铜鼓舞、木鼓舞、湘西鼓舞、板凳舞和古瓢舞等。尤以芦笙舞流传最广。贵州的丹寨、台江、黄平、雷山、凯里、谷隆、大方、水城，以及广西融水等地，在每年正月十五、三月三、九月九等传统节日，和过年、祭祖、造房、丰收、迎亲、嫁娶等喜庆节日，都要举行芦笙舞会。舞姿以四步为多，也有二步、三步、六步、蹭步、跳步、点步以及左右旋转等跳法。苗族

图 12 - 8

图 12 - 9

一级演员金欧领舞的"苗族青年舞",1963 年已摄成舞蹈艺术影片《彩蝶纷飞》,在美国、日本、新加坡等地上演,深受群众喜爱。流行于黔东南的《反排木鼓舞》,现已成为苗族节日庆典以及出访他国的代表性舞蹈,被邻国友人誉之为"东方迪斯科"。

鉴赏苗族舞蹈,应鉴赏的是其艺术形式。《花鼓舞》是湖南省凤凰、保靖、花垣等县苗族人民欢度农历"六月六""八月八""赶夏""赶秋"等民族传统节日时,必有的自娱性舞蹈。届时,在举行盛会的广场中央,架起一面由三人负责敲击的大鼓。由两人持双槌敲击鼓皮,一人持单鼓槌敲击鼓梆,参加集体作舞的人们,没有人数和男女限制。作舞之前,击鼓者用本民族语言歌颂发明木鼓者的功德,以此作为对祖先的祭奠。然后,众人便在鼓点的伴奏下围鼓成圈、翩跹起舞。这些作舞者的基本舞姿多来自各类生活动作的模拟,其中还加入一些武术成分,使舞蹈动作柔美而刚劲。其特点是,两位击鼓者在旋转、翻身或跳跃下表演多种对称性舞姿的同时，还能敲奏出和谐而统一的鼓乐。

鉴赏苗族舞蹈，应鉴赏的是其审美情趣。就《花喜舞》来说，其审美情趣主要表现在：一是华丽的苗族服饰对身体的装饰，即人体是美的；二是舞蹈动作是生活的模拟、提炼、艺术化，即肢体运动是自然的；三是舞蹈动作加入一些武术成分，呈现柔美而刚劲，即肢体运动是美的；四是集体作舞不限制人数和男女，并在鼓点的伴奏下进行，即群体的肢体运动是协调、和谐的；五是两位击鼓者在旋转、翻身或跳跃下表演多种对称性舞姿，即体现了"万绿丛中一点红"；六是舞蹈在鼓声中统一、协调、和谐地进行，即形成鼓乐氛围，使优美的舞姿得以在情感中升华。

鉴赏苗族舞蹈，应鉴赏的是其文化内涵。苗族人们从黄河岸边东海之滨一路走来，历尽艰辛，住在山上，尽管如此，他们仍保持着乐观向上、豁达勇敢的精神，从事生产，生息繁衍，并从中模拟、提炼、诗化成种类繁多、优美动人的苗族舞蹈。高山挡不住他们看大海的眼光，困难抑制不住他们豪情满怀拥抱太阳的凌云壮志。著名的《芦笙舞》，在那空阔的草坪、河坝或山坡上，男的吹小芦笙、女的持花手帕，男一圈、女一圈的把一群吹大芦笙的舞者围在中间，踩着乐曲的节奏、轻轻地摆动着身体绕圈而舞，是那样的娴雅、那样的端庄，以习俗性彰显着男欢女爱，以表演性彰显着生命活力。

鉴赏苗族舞蹈，最好的鉴赏方式是参与其中。作为游客，仅仅通过视觉来鉴赏苗族舞蹈是不够的，也是肤浅的，应积极地、主动地、投入地参与其中，穿上苗族衣服，戴上苗族头饰，扮演苗族男女，走进舞蹈团队，与苗族同胞一起，或吹起小芦笙，或持着花手帕，踩着乐曲的节奏，轻摇身体的姿势，围着吹大芦笙的舞者，一圈一圈地跳动，进入角色，学习舞蹈，体验艺术，获取情趣。当然，这是芦笙舞，还有铜鼓舞、木鼓舞、湘西鼓舞、板凳舞和古瓢舞等，各有各的形式，各有各的情趣。对于青年游客来说，最有情趣的莫过于"跳月"，看看能否在狂欢的人群中，在芦笙的乐曲中，"找"到一个称心如意的"情人"。

第十三章　乡村鉴赏

乡村由村庄、田园和自然三大块组成，因此，其鉴赏的内容自然是村庄、田园和自然，其鉴赏的视角也与鉴赏村庄、田园和自然的相同，因此，在此不再讨论乡村鉴赏的内容和视角，而仅讨论如下三个问题。

第一节　乡村是村庄、田园、自然三位一体

任何乡村，都由村庄、田园和自然三大块组成。如果说离开村庄的乡村是不存在的话，那么，离开田园和自然的乡村也是不存在的。城中村，田园和自然愈来愈少，几乎消失，已几乎城市化了，仅剩下村庄的牌子了。

真正的乡村却以村庄为主体，以田园为延伸，以自然为衬托。村庄是村民聚集、居住、生活的地方，村民是乡村的灵魂。没有村民的聚集、居住、生活，就不存在村庄；没有村民的耕作，也就不存在田园；没有村民的活动，同样就不存在作为乡村的自然。

鉴赏乡村，就应该将构成乡村的村庄、田园和自然三大块作为一个整体来鉴赏，并重点鉴赏村庄这一块。

第二节 乡村是人类有别于城镇的
生命存在和发展空间

在城镇未形成之前，人类生命存在和发展的空间只有一个，那就是乡村。随着城镇的产生、形成和发展，人类生命存在和发展的空间主要有两个，一个是乡村，另一个是城镇。随着社会的发展、科技的进步，人类生命存在和发展的空间也许会发展到地下、海洋和太空。但是，在相当长的历史时期内，人类生命存在和发展的空间主要仍是两个，一个是乡村，另一个是城镇。

尽管这样，城市和农村毕竟不同，它们是两种具有质的区别的人类生命存在和发展空间。一是形成的时间。总的来说，乡村先于城市形成。乡村的形成至少已有 1 万年以上。据考证，我国古代最早的城市距今约有 3 500 年；而在西方，最早的城市模式——希波丹姆模式——则由著名的建筑师希波丹姆于公元前 5 世纪左右提出。二是聚集的规模。尽管形成初期的城市规模并不怎么大，但现代城市的规模大多都很大。上海，人口 2 500 万，面积 6 340.5 平方千米。而乡村规模却很小，村庄人口 100 多人、面积不足 1 平方千米的比比皆是。三是建设的内容。在城市，建设的内容很多，有居住、交通、商贸、工业、教育、科研、文化、体育、娱乐和办公等设施；而乡村则往往很简单，尽管也有小卖部和小市场等，但主要就是居住。四是依托的产业。在城市，特别是在城郊和城中村，尽管也种植蔬菜、林果，饲养鸡鹅，养殖鱼虾，但主要却是兴办工厂、开设商铺、建设楼宇、经营金融等，即不以农业为依托；而在乡村，尽管也设有肉档、经营日杂等，但主要却是种植蔬菜、林果，饲养鸡鹅，养殖鱼虾，即不以商业等其他产业为依托，而以农业为依托。五是存在的文化。客观地说，城市居民的文化水平高于乡村农民。不过，随着社会的进步，文明程度的提高，城乡文化水平的差距将愈来愈小，直至最后消失。同时，城市存在和表现的文化主要是现代文化，而农村存在和表现的文化则主要是传统文化、民俗文化。

这样，鉴赏乡村，就应该鉴赏乡村的特点，鉴赏乡村与城镇的不同之处，从中认识其美的存在，欣赏其美的表现，感悟其美的价值。

第三节　乡村之美在于自然之中

乡村由村庄、田园和自然三大块构成，而这三大块不但是有机联系的统一体，而且其原本是相同的，都只不过是自然的表现形式而已。

村庄是居住化的自然。村庄并不是从来就有的，而是由于人类在大地上、自然上建房造屋并聚集在一起才形成的，由此，无不打上自然的烙印。最明显的莫过于延安的窑洞，就是直接在山岭上挖洞而形成。村庄房屋的用材往往就地取材。在雷州半岛，砌墙用的石块取之于当地的玄武岩石头，房屋中的门窗用料取之于当地的荔枝、龙眼、木菠萝或苦楝木。村庄种植的林果更是地方植物。在雷州半岛，种植的林果往往是榕树、酸豆树、毛杻树、荔枝、龙眼、木菠萝、黄皮、杨桃、石榴等。村庄形成的文化也往往与自然有关。在雷州半岛，建在红土地之上的村庄形成的是红土文化。

田园是耕作化的自然。一方面，田园是自然、特别是自然土经过耕作而形成；另一方面，田园仍保持着自然、特别是自然土的许多特征。田园中的土壤是这样，田园上的作物也是这样，作物是栽培驯化的植物。

自然是原始化的自然。如果说胡杨树由于耐旱而适应干旱的沙漠，企鹅由于耐寒而适应冰封的北极，倒不如说大自然创造了适于干旱沙漠生长的耐旱的胡杨树，创造了适于冰封北极的耐寒的企鹅。被誉为"风滚草"的窄叶棉蓬、猪毛菜等沙生植物，常呈圆形或椭圆形，当茎干枯萎，冬春被风吹折离根后，能随风在沙地甚至在公路上边滚动边传播种子。荒漠中常见的红柳，叶子退化成鳞片状，以有效降低蒸发作用，加上根系可伸达地下 30 厘米，耐盐、耐碱、耐旱，具有极其顽强的生命力，从而使荒漠无"荒"，而那淡红色的小花使荒漠变得亮丽。这就是自然的创化，是自然原始状态的持续。

　　鉴赏乡村，就应该鉴赏乡村的自然性，鉴赏乡村的自然美，鉴赏乡村之村庄、田园与自然间的和谐统一。

参考文献 REFERENCE

［1］罗凯．农业美学初探［M］．北京：中国轻工业出版社，2007．

［2］罗凯．美丽乡村之农业设计［M］．北京：中国农业出版社，2015．

［3］罗凯．农业新论［M］．杨凌：西北农林科技大学出版社，2015．

［4］宋原放．简明社会科学词典［M］．上海：上海辞书出版社，1981．

［5］肖建华．审美训练［M］．武汉：华中理工大学出版社，1999．

［6］黄东光．荔枝丰产栽培技术［M］．广州：广东高等教育出版社，1997．

［7］黄东光．龙眼丰产栽培技术［M］．广州：广东高等教育出版社，1998．

［8］宗树森．土地工作手册［M］．北京：农村读物出版社，1987．

［9］罗凯．关于构建农业美学学科体系的思考［A］．陈水雄．2010 年两岸休闲农业（海南）论坛论文选［C］．北京：台海出版社，2010：143 - 146．

［10］罗凯．关于构建农业审美学的思考［J］．福建亚热带作物研究，2010，32（3）：36 - 39．

［11］罗凯．浅议农业鉴赏的基本问题［J］．北京农业职业学院学报，2014（5）：17 - 22．

［12］罗凯．农产品鉴赏问题研究［A］．农业部人力资源开发中心，中国农学会，中国农业科学院．第十四届中国农业园区研讨会论文集［C］．湖南·望城．2014：152 - 158．

［13］罗凯．作物植株鉴赏研究［J］．海南农垦科技，2015（3）：40 - 45．

［14］罗凯．田园鉴赏问题研究（一）［J］．蔬菜，2015（11）：1 - 5．

［15］罗凯．田园鉴赏问题研究（二）［J］．蔬菜，2015（12）：1 - 3．

［16］罗凯．略论村庄鉴赏问题［J］．北京农业职业学院学报，2016（1）：11 - 15．

［17］罗凯．农业劳动鉴赏问题研究［A］．广东省社会科学界联合会，等．2016 广东社会科学学术年会"文化·文学·地域——广东地域文化与文学研究"研讨会论文集［C］．广州．2016：115 - 119．

［18］罗凯．建设雷州半岛南亚热带农业示范区中的美学问题探讨［J］．热带

农业科学，2000（5）：50－53．

［19］罗凯．农业旅游景观问题研究［A］．海南省农垦经济学会．海南农垦休闲农业发展有奖征文获奖论文汇编［C］．海口：海南省农垦经济学会，2013：77－91．

［20］罗凯．农产品设计问题研究［J］．农产品加工（创新版），2010（12）：68－70．

［21］罗凯．作物植株设计问题的研究［J］．农产品加工（创新版），2011（2）：73－77．

［22］罗凯．论农业美学的主要目标［J］．广东农学通讯，2009（2）：19－21．

［23］罗凯．田园科普设计问题研究［J］．中国农学通报，2011，27（增刊）：257－261．

［24］罗凯．田园体验设计问题研究［J］．农业科学，2012，2（合订版）：73－76．

［25］罗凯．田园养生设计问题研究［J］．北京农业职业学院学报，2012，26（2）：18－22．

［26］罗凯．田园养生情趣的形式［J］．海南农垦科技，2014（5）：35－38．

［27］罗凯．田园生活设计问题研究［J］．福建亚热带作物研究，2012（2）：42－49．

［28］罗凯．论农业劳动过程的革命［J］．农产品加工·创新版，2010（5）：78－80．

［29］罗凯．农业美学视角下的未来"三农"［A］．陈文胜，李昌平．城乡发展一体化与农村改革［C］．北京：中共中央党校出版社，2015：279－283．

［30］冯莛．农业美学的跋［J］．北京农学院学报，1998（2）：105－108．

［31］陈望衡．一种崭新的农业理念——农业美学［J］．湖南社会科学，2004（3）：7－9．

［32］张敏．农业景观中的生产性与审美性的统一［J］．湖南社会科学，2004（3）：10－12．

［33］陈李波．我们要建设什么样的农业景观？——城乡景观边界模糊及其应对［J］．湖南社会科学，2004（3）：13－16．

［34］赵红梅．建设崭新的乡村生活方式［J］．湖南社会科学，2004（3）：17－20．

［35］曹华，等．蔬菜文化迷宫的设计与种植技术［A］．农业部农产品加工

局，等．中国创意农业（北京）发展论坛论文集［C］．北京．2009：255－259.

［36］林峰．用创意打造休闲农业［A］．农业部农产品加工局，等．中国创意农业（北京）发展论坛论文集［C］．北京．2009：8－16.

［37］新华社．"超级稻"亩产突破千千克［N］．湛江日报，2014－10－11.

［38］玄松南．稻文化——亚洲人心灵的归宿［A］．农业部农村社会事业发展中心．传承农耕文化促进乡村旅游论文集［C］．北京：中国农业出版社，2010：70－82.